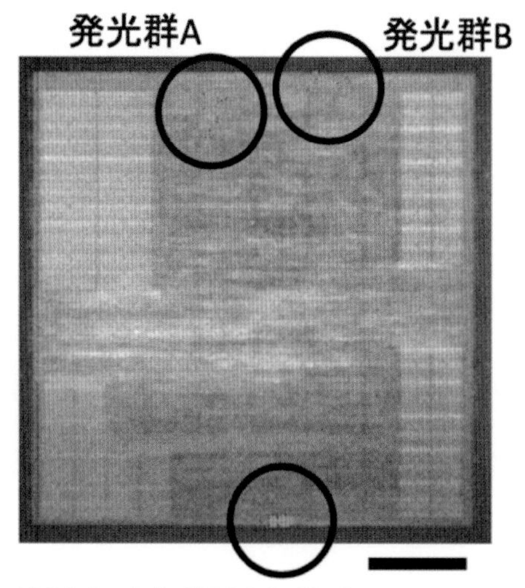

（a） 19カ所で異常発光

図6.6　配線ショートにより不安定になったトランジスタの大量発光
（p.135参照）

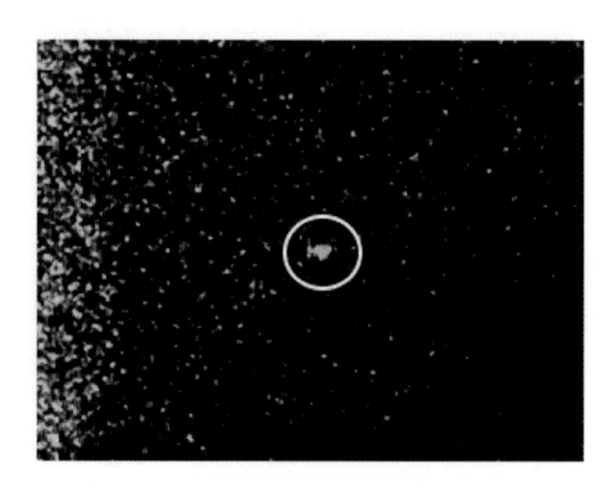

（a） 近赤外光像

図6.7　発熱箇所の近赤外光のPEMによる検出
（p.136参照）

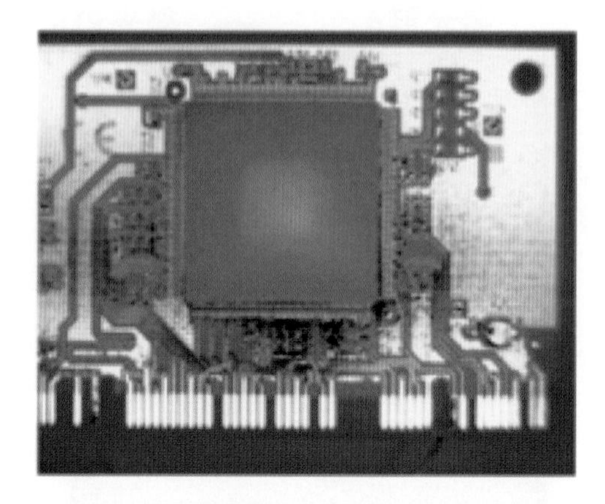

(a)　通常のサーモグラフィー

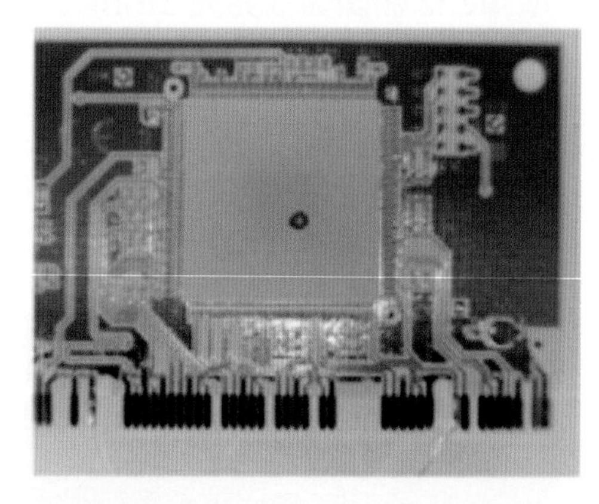

(b)　ロックインサーモグラフィー

図 6.9　通常のサーモグラフィーとロックインサーモグラフィーの比較例
(p.138 参照)

信頼性技術叢書

信頼性
七つ道具

信頼性技術叢書編集委員会【監修】
二川　清【編著】
石田　勉・鈴木和幸・原田文明
古園博幸・益田昭彦・渡部良道【著】

日 科 技 連

信頼性技術叢書の刊行にあたって

信頼性技術の体系的図書は1983年から1985年にかけて刊行された全15巻の「信頼性工学シリーズ」以降久しく途絶えていました．その間，信頼性の技術は着実に産業界に浸透していきました．現在，家電や自動車のような耐久消費財はほとんど故障しなくなっています．例えば部品を買い集めて自作したパソコンでも，めったに故障しません．これは部品の信頼性が飛躍的に向上した賜物と考えられます．このように，21世紀の消費者は製品の故障についてあまり考えることなく，製品の快適性や利便性を享受できるようになっています．

しかしながら，一方では社会的に影響を与える大規模システムの事故や，製品のリコール事例は後を絶たず，むしろ増加する傾向にあって，市民生活の安全や安心を脅かしている側面もあります．そこで，事故の根源を断ち，再発防止や未然防止につなげる技術的かつ管理的な手立てを検討する活動が必要になり，そのために21世紀の視点で信頼性技術を再評価し，再構築し，何が必要で，何が重要かを明確に示すことが望まれています．

本叢書はこのような背景を考慮して，信頼性に関心を持つ企業人，業務を通じて信頼性に関わりのある技術者や研究者，これから学んでいこうとする学生などへの啓蒙と技術知識の提供を企図して刊行することにしました．

本叢書では2つの系列を計画しました．1つは信頼性を専門としない企業人や技術者，あるいは学生の方々が信頼性を平易に理解できるような教育啓蒙の図書です．もう1つは業務のうえで信頼性に関わりを持つ技術者や研究者を対象に，信頼性の技術や管理の概念や方法を深く掘り下げた専門書です．

いずれの系列でも，座右の書として置いてもらえるよう，業務に役立つ考え方，理論，技術手法，技術ノウハウなどを第一線の専門家に開示していただき，また最新の有効な研究成果も平易な記述で紹介することを特徴にしています．

また，従来の信頼性の対象範囲に捉われず，信頼性のフロンティアにある事項を紹介することも本叢書の特徴の1つです．安全性はもちろん，環境保全性との関連や，ハードウェア，ソフトウェアおよびサービスの信頼性など，幅広く取り上げていく所存です．

本叢書は21世紀の要求にマッチした，実務に役立つテーマを掲げて，逐次刊行していきます．

今後とも本叢書を温かい目でご覧いただき，ご利用いただくよう切にお願いします．

信頼性技術叢書編集委員会
益田昭彦
鈴木和幸
二川　清

まえがき

本書は，『信頼性七つ道具 R7』（日科技連出版社，2008年）の続編である．

信頼性技術全般の最新の話題や前書を補う内容を提供することを目指した．執筆陣は前書の執筆者を主体に構成した．

信頼性七つ道具（R7）とは，信頼性の分野でよく使われる道具（手法）から7つの道具を選び出した，前書で初めて使われた言葉であるが，現在では一般に用いられるようになっている．

R7の大まかな役割は，「信頼性データベース」を基に「信頼性設計技法」，「FMEA/FTA」，「デザインレビュー」により信頼性を作り込み，「信頼性試験」，「故障解析」，「ワイブル解析」で信頼性を検証し，予測し，信頼性保証を行うことである．

第1章から第7章では，個々の道具について述べ，第8章「信頼性ストーリー」では，R7が具体的にどのように組み合わされて使われているかの事例を述べる．

企業および教育機関における信頼性技術のテキストとして役立つことを企図している．

それぞれの分野のある側面を気軽に知ることができるコラムを随所に入れたので，気楽に読んでいただければと思う．

また，日本科学技術連盟主催の「初級信頼性技術者」資格認定試験に出るような問題も掲載したので，腕試しに利用してもらえればと思う．

最後になりましたが，本書の企画と編集に多大なご尽力をくださいました日科技連出版社の石田新氏他の各位にお礼申し上げます．

2020年4月21日

著者を代表して

二川　清

目　　次

第1章

信頼性データベース（RDB）

本章では，“信頼性七つ道具”において信頼性作り込みへのすべての基盤となる信頼性データベース（Reliability Data Base：RDB）に関し記す．

グローバル化された経営環境の下，開発のスピードアップとコスト削減ならびに拡販を目的に，モノづくり・コトづくりにおいて世界分業がなされている．このとき，必要となるのは IT，IoT を活用した世界全拠点にまたがる標準基盤化（プラットフォーム化）であり，これより作られる DB（データベース）である．特に信頼性の作り込みのためには，RDB が必要となる．

部品 ― ストレス ― 故障（解析）画像 ― 故障メカニズム ―
故障モード ― 故障発生頻度

を基本とする RDB により，新たな開発品に対し，どのようなトラブルが起こりうるかを予測し，それに対処しうる信頼性設計が必要である．また，過去のトラブルの RDB を基に，現地にて，使われ方・環境条件から生じるストレスを十二分に精査し，これを反映した信頼性試験を行なえば，どのようなトラブルが生じうるかを予測しうる．そしてこれを一般化すれば，より広い範囲の条件に対しても対処しうる信頼性の作り込みが可能となるであろう．

1.1

信頼性データベースの目的と役割

資源に恵まれていない我が国がさらなる経済立国として世界経済に貢献していくためには，経営・経済の急激な変化に即応し，顧客と社会のニーズに適合したモノづくり・コトづくりを通して，顧客が期待する十分な価値を提供するとともに，安心と信頼を与え続けることが必要である．そのためには，迅速なモノづくり・コトづくりの開発体制・仕組みと，変化に対応しうる人財が必要である．とりわけ安心・信頼を与えるためには，新たな開発に必ずつきまとう信頼性・安全性トラブルの未然防止が必要となる．未然防止には組織全員に信頼・安心の文化を大切にするためのトップの役割を中核とする動機付けとともに“予測”に基づく未然防止が鍵を握る．この“予測”を行うときに最も有用となるものが，“信頼性データベース(RDB)”である．ここで，信頼性データベースとは先人の残した技術標準・品質標準を始めとする技術情報・全世界の市場情報ならびに過去の部品・ユニット・システム(これらを総称してアイテムと呼ぶ)に関するストレス(使用環境条件)－故障(解析)画像－故障メカニズム－故障モードなどで，過去の信頼性作り込みのための英知の結集を，必要な人が必要な時にタイムリーに取り出し，活用しうることを目的とする．これは，1つのプロジェクト活動の資産を蓄積し，次のプロジェクトに有効活用するためにも必要である．さらにRDBは本章の信頼性七つ道具(R7)を用いた信頼性ストーリー7つのすべてのステップの基盤となる．

R7は以下の7つをいう．

① 信頼性データベース

② 信頼性設計技法

③ FMEA/FTA

④ デザインレビュー

⑤ 信頼性試験

⑥ 故障解析

⑦ ワイブル解析

これらを1つのセットとして，以下の信頼性ストーリーが構成される(詳しくは，文献[1]を参照).

信頼性ストーリーのステップ

ステップ1：[信頼性データベースの活用]

信頼性データベースにより得た過去の技術情報，失敗情報，任務プロフィール，環境ストレス，故障メカニズム，故障モードなどに基づき，信頼性・安全性問題を予測する.

ステップ2：[信頼性設計技法の活用]

上記のステップ1の情報を基に信頼性設計を実施．信頼性設計を有効に効率よく実施するために確率論・統計学・故障物理学などから集められた信頼性設計技法を用いる.

ステップ3：[FMEA/FTA]

現状の設計に対し，FMEAによりどのようなトラブルが生じうるかを予測するとともに，FTAにより絶対に起こってはならない“発煙・発火”などをトップ事象としてその発生防止を検討する.

ステップ4：[デザインレビュー(DR)]

関連部署が集まり，固有技術の統合化を図り，問題発生の抜けを抑えるべくDRを実施する.

ステップ5：[信頼性試験]

使われ方，環境条件の精査に基づき，環境試験ならびに寿命試験を中心とする信頼性試験を実施する.

ステップ6：[故障解析]

故障したテストピース・試作品に対し，その真の原因を工学的に究明し，弱点を改良し，さらなる高信頼化を図るために，故障解析を実施する.

ステップ7：[ワイブル解析]

信頼性試験により得られたデータをワイブル解析し，目標値の達成の定量的確証およびさらなる高信頼化に向けての検討を実施する．

ここで，信頼性データベースはステップ1だけでなく，ステップ2以降の全ステップへの情報提供と情報の蓄積に必要となる．このようなアプローチにて，信頼性の作り込みが可能となる．これを図に示したものが図1.1である．なお，必ずしも図1.1の順番で行う必要はない．自動車メーカーT社では，ステップ4のDRの実施において皆で将来生じうる故障モードを抽出し，ステップ3のFMEAを実施する．また，市場に出荷後，あいにく生じた故障に対しては，事後故障解析やワイブル解析により改良点を探ればよい．

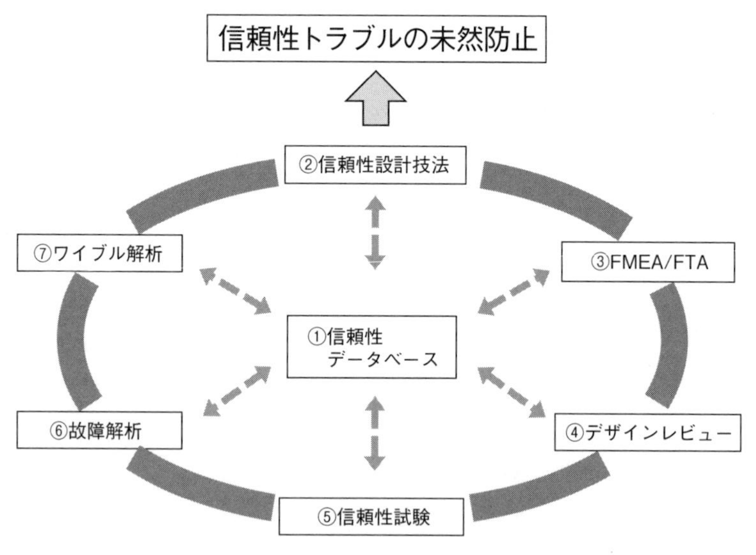

図1.1　信頼性七つ道具の全体像

1.2 ビッグデータの信頼性データベースへの活用

ビッグデータは近年の膨大な量のデータを表す用語として知られている．インターネット，IoT 技術などの普及により，研究や健康管理のみならず日常の社会生活においても我々はビッグデータの恩恵を受けている．「ビッグデータ」とはデータサイズが特定の○○テラバイト（1,024 ギガバイト）数より大きい，という意味ではなく，典型的なデータベース，ソフトウェアツールの能力をはるかに超えた巨大なデータセットをいう．英語表現では Large<Big<Massive ゆえ，本来であれば，Massive Data と名付けるべきかもしれない．表 1.1 にビッグデータ時代のデータ量の単位を示す[2]．

1 ギガバイト：高品質 TV で見る映画の情報

2 テラバイト：学術研究図書館の図書のすべての情報

5 エクサバイト：これまで人類が話したすべての言葉の情報

をそれぞれ蓄えることができる．

表 1.1　ビッグデータ時代のデータ量の単位

単位	説明
Bit（ビット：b）	0 または 1，二進数
Byte（バイト：B）	1B = 8b，単一文字
Kilobyte （キロバイト：KB）	1KB = 1024B 1KB = 短編小説
Megabyte （メガバイト：MB）	1MB = 1024KB 5 MB = シェイクスピア全作品 TV 品質映像 30 秒
Gigabyte （ギガバイト：GB）	1GB = 1024MB 1 GB = 紙でいっぱいになったピックアップトラック 高品質 TV で見る映画
Terabyte （テラバイト：TB）	1TB = 1024GB 2TB = 1 つの学術研究図書館の蔵書 10 TB = 米国議会図書館の印刷物コレクション
Petabyte （ペタバイト：PB）	1PB = 1024TB 2PB = 米国全土にわたる全学術研究図書館の蔵書
Exabyte （エクサバイト：EB）	1EB = 1024 PB = 1,000,000,000,000,000,000B 5EB = 人間が話すすべての言葉
以降，Zettabyte（ZB），Yottabyte（YB），Xenottabyte（XB），Shilentnobyte（SB）…と続く	

これらの恩恵は，コンピュータの処理能力の指数関数的な増加，センサーなどのデータ獲得技術の発展など，様々な科学技術の進歩によるところが大きい．特にビッグデータにより，下記の3Vが飛躍的に進歩した．

VOLUME：量

－記憶容量の増加(テラバイトからペタバイト＝1024テラバイトへ，そしてエクサバイト＝1024ペタバイトへ)

－数多くのより小規模なデータセットをも容易に収集．ウェアラブル技術にも貢献

－記憶，検索，拡張可能なアルゴリズムの誕生

VARIETY：多様性

－異種の非構造化データ：テキスト(メールを書く／打つ)，発話(言語)能力，画像など

－多くの新しいデータの出現：Web情報，e-mail，苦情，チャットボックスなど

－データの圧縮，特徴抽出の進展

VELOCITY：速度

－データの流れ：HDTV(High-definition television HDTV)ハイビジョンVOIP(Voice over Internet Protocol)，オンラインゲームなど

－4Gから5Gへ，そして6Gへ

これらの背景のもと，信頼性データベースとしては，

- 製造ロットごとの種々の工程データ情報と世界中の異なる使用・環境条件下での市場データとの対応付け
- 画像を含む故障情報

などが重要である．そして次節に示すように，

- データが生じるメカニズム，理論，因果関係の追究
- 使用・環境条件による層別
- 異常値の削除
- 偏りのあるデータのチェック
- 目的にかなう情報か否か
- 相関と因果関係の区別

などが重要になる．

1.4 節で示すように“何を”RDB の中に蓄えるかが重要である．すなわち“集まるデータ”ではなく，“集めるデータ”にしなくてはならない．ある目的をもって集めたビッグデータを Primary-Data という．RDB においては，少なくとも 1.4 節に示す“信頼性作り込みへの 7 視点”に注目することが大切である．

1.3 モノづくり・コトづくりへの標準基盤化と信頼性データベース

図 1.2 にモノづくり，コトづくりの大枠の流れを示す．これまで，多くの組織ではデータベースを図の流れの各ステップごとに独立に作っていた．この独立した設計 DB，生産 DB，市場 DB などを共通の 1 つの標準の基盤（プラットフォーム化）とすることができれば，組織としてのメリットは大である．このとき，例えば図 1.2 に示すように，製品・サービスが規定要求事項に適合しているかの Verification（検証）のみでなく，それらの市場・現場での運用・使用が顧客・社会のニーズを満たしているかの Validation（妥当性確認）[1] も可能となる．これらのデータベースの連動により次節で示す“機能達成メカニズムデータベース”，“故障メカニズムデータベース”，“故障モードデータベース”の構築も可能となろう．

1）2017 年版の ISO 9000 では市場・現場での運用が“規定要求事項”を満たしていることを Validation と定義している．

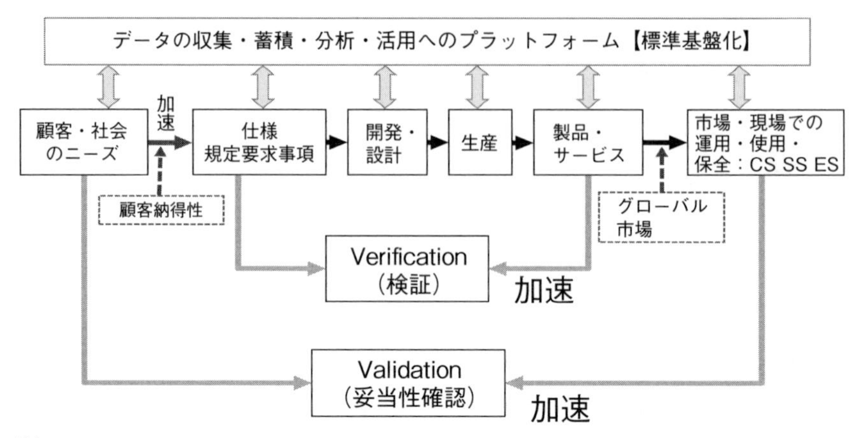

注）CS：Customer Satisfaction，SS：Social Satisfaction，ES：Employee Satisfaction

図1.2　品質保証のフェイズとデータベース

先のモノづくり・コトづくりの流れは，一般に表1.2のように(1)市場情報の収集，(2)企画，(3)開発・設計，(4)試作・生産準備，(5)外注・購買，(6)生産，(7)販売・運用・アフターサービス，(8)廃棄の各フェイズに大きく分かれ，これらは品質保証のフェイズと呼ばれている．各フェイズにおける信頼性作り込みのポイントと，R7がどのフェイズにて使われるかを表1.2に示す．

1.4 信頼性作り込みへの7視点とRDB

信頼性作り込みへの7視点(図1.3)について詳述する．

図1.3は本章で提案するRDB構築に向けての信頼性作り込みへの7つの視点である．筆者の経験より，これだけは最低限必要となる項目を列挙した．各項目の説明は後述するが，まずは ⑦影響に着目する．今，企画開発中の製品が，社会・顧客へどのような影響・危害(人への影響)を与えうるであろうか．死亡，指切断などの重傷や火災など，最悪の影響とシナリオを考えることが大切である．同一機能，同一機能達成メカニズムの現存製品に，自社だけでな

表 1.2　品質保証のフェイズと信頼性七つ道具 [1]

フェイズ	品質保証上の目的	関連する信頼性活動	関連する R7 手法
(1) 市場情報の収集	○市場におけるユーザー・ニーズの正確な把握 ○使われ方・環境条件の正確な把握	既存機器・システムの市場実績データの収集・分析 部品故障率データの収集・蓄積	ワイブル解析
(2) 企画	○ユーザーニーズ・使われ方・環境条件の技術用語(仕様)への翻訳：品質表(セールスポイント) ○トラブルの先取り・源流管理 ○信頼性・安全性指標の設定	信頼性指標の設定 任務プロフィール	
(3) 研究開発・設計	○上の仕様に対して未到達の技術を明らかにし，研究開発し，企画の品質を設計の細部仕様と設計図面の中に具現する。 ○固有技術の総合化 ○生産コスト・工程能力を考慮した設計 ○信頼性・安全性指標の具体化	サブシステム展開，部品展開 ストレス解析 信頼性ブロック図 任務プロフィール 信頼度予測	信頼性データベース 信頼性設計技法 FMEA／FTA デザインレビュー
(4) 試作・生産準備	○試作品による機能・信頼性試験 ○設計の図面中に指示された製品を生みだすことの出来る機械設備と人の技量と作業方法の準備 (Machine, Man, Method) ○設備のPM ○凡ミスの防止	環境試験，寿命試験 5M2S 設計，計測器管理	〔事前〕
(5) 外注・購買	○Material，外注工場のQAシステム	調達管理，契約，監視・監査	信頼性試験 故障解析 ワイブル解析
(6) 生産	○計画どおりの生産	受入検査，スクリーニング試験 5S管理治具工具管理	
(7) 販売･運用･アフターサービス	○カタログ・使用量・アフターサービス…部品供給，CM	市場データ分析再発防止 正確な商品知識・トーク	〔事後〕
(8) 廃棄	○3R(Reduce, Reuse, Recycle)	長寿命化	

く，他社も含めてどのような問題が生じているかのDatabase(DB)が有用である．そしてこれを開発・設計担当者がデータとして把握し，これだけは避けなければならない，これが発生すると取り返しがつかなくなる事象を，業務を行う本人に考えさせ，理解させ，納得させ，行動を起こさせることが大切である．

① 目的(機能)

往々にして，顧客・社会のニーズと企画・開発担当者の新製品開発の目的が異なるケースが少なくない．BtoB，BtoBtoCの顧客のビジネスプロセスを把握し，顧客に入り込み，顧客の困っている点，QCDのどこに問題があるのか，

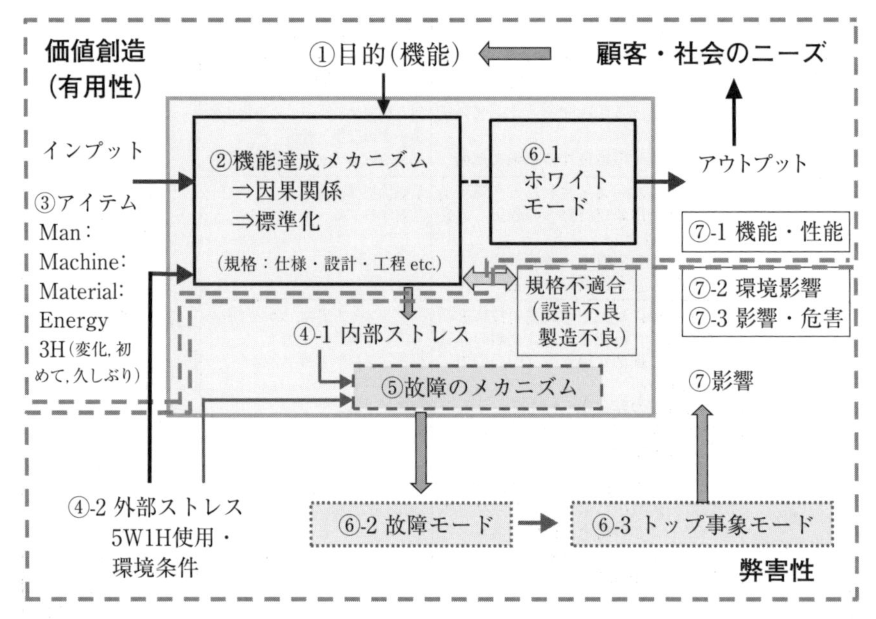

［3］を元に改訂

図 1.3　信頼性作り込みへの7視点

顧客と一体となってニーズを把握することが大切である．そして，これらの情報が企画部門，開発部門との共通の DB として蓄積・分析・活用されることがポイントである．

例えば，冷蔵庫の機能は“冷やす”でよいであろうか．本来の目的は“食材を保存する”ゆえ，“冷やす”のみでなく真空にすることや，温湿度をどのように与えるかなど，“冷やす”以外の機能も重要である．このような目的から機能を展開した機能展開データベースも必要であろう．

図 1.4 はガスライターの機能を整理したものである．“ガスを貯蔵する”を展開したものを DB 化し，これに既存の図面をリンクさせれば，既存開発の経験が将来に役立つ．一方，図 1.4 の機能の否定をとれば図 1.5 を得る．これにより，どのような“故障”が生じるかの予測が可能である．この故障の予測をさらにシステマティックに行うものが“故障モード”である．これは，⑥-2 に詳述するが，これとの DB をドッキングすればよい．

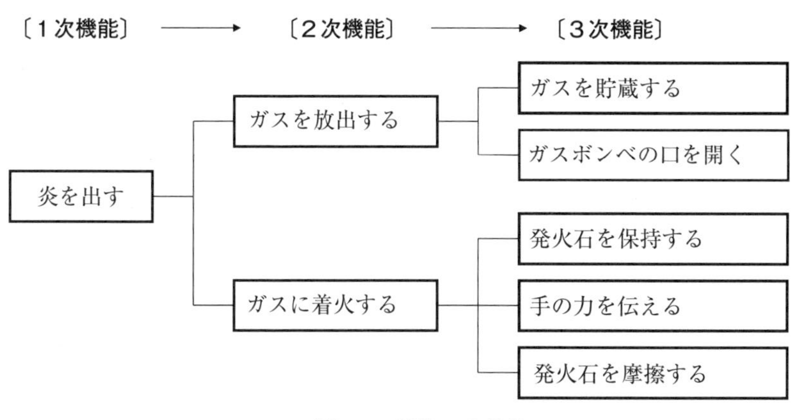

図1.4　機能への着目

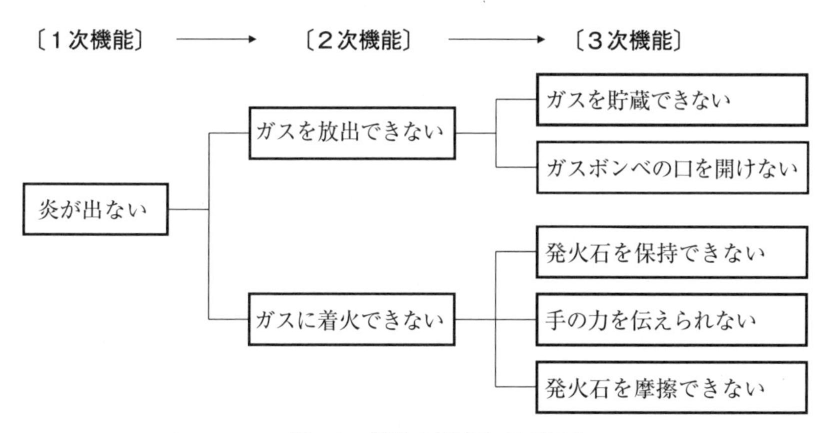

図1.5　機能の展開とその否定

②　機能達成メカニズム

白熱電球の寿命は1,000～2,000時間，LEDの寿命は40,000～50,000時間である．前者は2Aほどの電流によりタングステンフィラメントが2,000℃以上となり，発光するため，このときの熱による高温劣化により寿命が短い．一方，LEDはP型半導体からの正孔とN型半導体からの電子が5mAほどの電流により衝突し，急激に電位低下が生じ発光する．このため白熱電球と同等の高温劣化を避けられる．

このように，信頼性には機能達成メカニズムが大きく影響する．また，車の3大機能“走る・曲がる・止まる”のうち，“走る”に関してはガソリン自動車・電気自動車・燃料電池自動車により，その機能達成メカニズムは異なる．科学的法則に基づき，この機能達成メカニズムを明確にし，ボトルネックとなっている未知の箇所を組織として解明しなければならない．そして，確立した技術に対してはさらに完成度を上げ，完成したところは変えないことが基本である．次から次へと新しい技術を取り入れるシステムは必ず失敗する．機能達成メカニズムがいかに標準化され，暗黙知から形式知，そして組織知となっているかが大切である．ここをDB化するか否かが鍵を握る．組織としてここが十分なところは多くない．固有技術が個人技術となっている．

③　アイテム

上記②の機能達成メカニズムの実現へ向けて，3M(Man，Machine，Material)，エネルギーなど必要なInputを考える．原材料高が続く今日，また自由貿易への懸念のある中，中・長期的な原材料入手可能性をも視野に入れ，検討しなければならない．日本でのマザー工場でのQCDの達成を海外へ展開するにあたって，人の問題も十分な検討を要する．3Mとエネルギーに加え，Methodと④で述べる使用・環境条件などの外部ストレスに対し，特に，3H(変化，初めて，久しぶり)に該当する事象が生じた場合に，種々のトラブルが生じやすいため，これへの注意が必要である．このようなアイテムDBの充実を購買資材部との連携で作る必要がある．

⑥-1　ホワイトモード

後述する⑥-2の故障モードは，好ましくない現象，いわゆる“Black Mode(ブラックモード)”への着目をいう．今後，AVやスマート冷蔵庫のようにあらゆるものが，IoT，ICT技術をもって“コネクテッド化”された場合，どのようなブラックモードが生じるかをすべて予測することはむずかしい．そのため，これに対して正常・安全な状態を確認できて初めて次のステップへ進みうる“White Mode(ホワイトモード)”が大切となる．“Black Mode”，“White

Mode”なる名称は，ハッカーにブラックハッカーとホワイトハッカーの両者が存在することに準じて名付けた．White Modeとは，これが確認できなければ次のステップへは進めない仕組み，工夫である．信頼性工学の分野では古くより，フェールセーフとして，新幹線のATCの安全原理として使われてきた．すなわち，自車両よりレールを通して数千メートル前方へ信号を送り(この区間を閉塞区間と呼ぶ)，この区間に先方を行く他の車輌がなければ，この信号が戻り，“安全を知らせる”ことにより走行を続けうる仕組みである．正常時には信号を流さず，異常時に信号を送る“危険を知らせる”仕組みでは，信号を送る装置が故障したときに大惨事になりかねない．

設備保全に関しても，これらの考えは適用可能であり，正常な状態でのビッグデータをIoT技術を用いて蓄積し，多次元のセンサー情報より正常域を特定し，この状態からのずれを検出することにより，異常診断が可能となる．正常域の作成に関しては，例えば田口玄一氏考案のMT法により，正常領域を単位空間と定義し，これからのマハラノビス距離により診断を下す方法が考えられる．具体的な例としては，文献[7]にてプラント異常診断への適用が行われている．

⑦-1 機能・性能

目的とする機能と性能が顧客と社会に感動と安心を与え続けているか．これがアウトプットである．以上を鳥の目から捉えれば，企画によって定められた重要品質特性を，設計においてどのように実現するかを明示した重要品質保証項目に展開し，これをさらに生産部門と協力して，生産工程上の工程管理項目に展開する．これらを俯瞰するものが表1.3に示すQA表である[4]．さらに生産部門は工程管理項目を整理して現場の作業者にもわかりやすいQC工程図(表)，作業標準などを作成する．このときに，工程FMEA手法が有用である．

以上，①，②，③,⑥-1，⑦-1は顧客・社会への価値創造であり“有用性”の側面である．モノづくり，コトづくりがこの面だけで終われば大変好ましい．しかし，実際には“有用性”のみでなく，以下の“弊害性”が存在するおそれがある．

表 1.3　QA 表の簡略化した一例 [4]

［企画］　　［設計］　　［製造］　　［保全］

No.	［企画・仕様］		［製品設計］ 重要品質保証項目		［工程設計］工程管理項目				説明事項
					工程 a	工程 b	…	工程 z	
1	重要品質特性 A	規格値 A	部品・部位 A1	規格値 A1	○			○	品質特性の重要性と，重要品質保証項目，工程管理項目などを説明する．
			部品・部位 A2	規格値 A2		○			
			部品・部位 A3	規格値 A3		○			
2	重要品質特性 B	規格値 B	部品・部位 B1	規格値 B1					
			部品・部位 B2	規格値 B2					

④　ストレス

ストレスには，内部ストレスと外部ストレスがある．以下，2つに分けて記す．

④-1　内部ストレス

本節②機能達成メカニズムの項で白熱電球の寿命は 1,000 ～ 2,000 時間，LED の寿命は 40,000 ～ 50,000 時間となる背景を記した．前者ではタングステンフィラメントによる 2,000℃を越える熱が内部ストレスである．ガソリン自動車であれば，エンジンによる熱と振動，電気自動車であればノイズ・磁気・電圧変動などの内部ストレスが考えられる．すなわち，機能達成メカニズムにより発生する種々のストレスが内部ストレスであり，開発・設計時には事前にこれらを十分に検討することが大事である．一方，LED を寒冷地の交通信号灯に用い，信号灯に積もる雪が逆に溶けず信号が見えにくくなることも生じた．これを含め，信頼性開発設計の 3H(変化・初めて・久しぶり)を伴う業務には機能達成メカニズムへの着目・注意が必須である．

④-2　外部ストレス

使用・環境条件の違いに代表される外部ストレスは，全世界，五大陸を考えれば明らかである．高温・低温・冷熱サイクル・湿度・雰囲気汚染に代表される環境条件，文化・慣習の違いによる使用条件による影響は計り知れない．また，法規も異なる．さらに対象製品・システムが使用される 5W1H も異なるため，これらへの着目も大切である．特に安全に関しては，“Who”が問題となる．事務用のシュレッダーが家庭用に導入されたとき，登場人物“Who”が大人から幼児に変わり，指の切断事故が相次いだ．乾燥機付きのドラム式乾燥洗濯機では洗濯物の投入口が上部から横位置に変わり，中に入った7才～8才の子どもの窒息死が生じてしまった．先に述べた3Hの変化により生じた事故である．以上をDB化し，開発・設計者がこれを参照しなければ次のステップへは進めない仕組みを作らなければならない．

⑤ 故障メカニズム

故障(機能喪失)が生じるときには，そこには必ず，物理的あるいは化学的変化が生じている．腐食は化学的な変化であり，金属疲労は物理的変化である．これらの変化がなぜ生じるかの“故障のメカニズム”を解明していくことが大切である．例えば，金属やプラスチックに高温下で長時間，力が加われば，原子の拡散が生じ，強度の弱い粒界に亀裂が生じ，へたりや亀裂に至る．これは“クリープ”という故障のメカニズムである．一方，金属やプラスチックに低温下で長時間，力が加われば，ミクロレベルで靱性低下が起こり，材料が脆化し，亀裂や破断にいたる．これは“低温脆性”と呼ばれる故障のメカニズムである．これらは，第6章で記す故障解析の結果として画像を含めてDB化しておくことが大切である．

また，設計・FMEA信頼性データベースへの登録により，FMEAの精度向上と工数低減に有用となる．表1.4は，ストレス－故障メカニズム－故障モードの一例である．詳しくは第6章，文献[1]，[5]を参照されたい．このように，種々のストレスに対し，部品・ユニットなどのアイテムごとにこの類のDBを作ることが大切となる．

⑥-2 故障モード

今，原子力発電プラントの冷却水の配管，下水道の配管，人間の心臓への冠動脈の血管を考える．これらのどの“管”においても，好ましくない現象は，亀裂・つまり・破断である．例えば，下水道の配管が詰まったときと，冠動脈が詰まったときとでは，その影響の違いは明らかである．このように製

表 1.4 ストレス－故障メカニズム－故障モードの一覧 [5]

使用環境条件(ストレス)		故障メカニズム				故障モード	アイテム	故障の発生原理・法則	故障モードの検出(信頼性試験)	主な業界・分野
大分類	小分類	大分類	小分類	フェーズⅠ	フェーズⅡ	フェーズⅢ				
温度＋電界	高温＋大電流	エレクトロマイグレーション		金属原子の移動	ヒロック，ウィスカ生成	短絡，誤動作	半導体回路，Al 配線膜(Al, W, Cu)	Black の経験式	SEM(長時間動作試験)	電子デバイス
					クラックの発生	断線				
温度＋湿度	高湿＋高温	腐食	局部腐食	ピットの生成	電池作用による促進	き裂，破断，減肉	ステンレス鋼，銅，亜鉛，ニッケル基合金，銅合金	熱力学の第二法則	SEM(腐食防食試験)	化学 石油
			濃淡電池腐食	局部溶存酸素の低下	濃淡電池の形成	き裂，破断	ガスケット面，凹部 ボルトの下等			
			高温酸化	高温の酸化性気体との接触	金属表面に酸化皮膜が生じる	減肉，割れ，剥離	炭素鋼 ステンレス鋼			
			油灰腐食	バナジウム化合物を含む燃焼灰との接触	酸化反応	減肉	炭素鋼 低合金鋼			
		吸湿	加水分解	親水基発生	水の吸着	き裂，破断	ポリカーボネート，ポリエステル，ポリオキシメチレン，ポリプチレンテレフタラート	熱力学の第二法則	MT(PT) 硬度測定	電子デバイス・高分子材料
	高湿＋常温		かび	分解	絶縁不良，変質	き裂，破断	プラスチック材料(ポリウレタン，ポリ塩化ビニル，エポキシ，アクリル，シリコン，ポリアミド，フタル酸樹脂など	—	(暴露試験)	電子デバイス
	高湿＋温度サイクル		結露	水の吸着	絶縁抵抗劣化	短絡	集積回路	クラペイロン-クラウジウスの式	(温湿度サイクル試験)	電子デバイス
			呼吸現象	気圧差発生	水分や腐食性ガス浸入	絶縁抵抗値低下，リーク電流増加，による出力低下	集積回路	ボイル・シャルルの法則		電子デバイス

品・システム中の好ましくない現象あるいは事象を，できるだけ多くの構成要素に対し，トラブルの影響を予測しうるように汎用化・抽象化し一般化を図ったものを考えれば，“予測”とその未然防止が可能となる．これを“故障モード”という．筆者が機械および電子系の27件の文献および図書から抽出した故障モードを表1.5に示す．各故障モードの数値は，異なる故障のメカニズムに対して出現した頻度である．はじめの11個の故障モードにより全体329件の90%を占めることがわかる．大切なことはアイテムが特定されれば，故障モードは限定されうる，すなわち予測が可能となる点である．

⑥-3 トップ事象モード

福島第一の原子力発電プラントでは，残念なことにメルトダウンが生じた．これが起こった背景には，津波による“全電源喪失”がある．外部電源に加

表1.5 27件の文献・図書による故障モードとその出現頻度[6]

破断（破壊）	82	放電	2
き裂	65	動作スピードの遅れ	2
強度劣化	25	接触抵抗値増大	2
損傷	21	放射線障害	1
減肉	19	汚染	1
変形（へたり）	17	ブリスター	1
短絡	16	潰れ	1
発火・発熱・発煙	14	潮解	1
開放・断線	11	脱炭現象	1
ノイズ	9	出力無し	1
絶縁破壊・絶縁劣化	7	出力過大	
剥離	6	出力過小	
脱落	6	出力不安定	
退色（変色）	4	振動	
絶縁劣化	4	異物混入	
漏れ（漏電・漏水）	5	機能喪失	
誤動作	3		
ゆるみ	2	合計	329

え，非常用ディーゼル発電機(水冷2機)，バッテリーの機能喪失である．この“全電源喪失”のように，絶対生じてはならない重大事故，重大危害発生のシーケンスに着目し，これらの事故・危害に至る一歩手前の直前の事象で，そのまま何もしなければ致命的な事故・危害を生じせしめる重要事象を，本章では“トップ事象モード”と呼ぶ．コネクテッド製品におけるパスワードの流出がある状態”，鉄道信号が“赤”を表示すべきところ“青”を表示している状態，高速道路や鉄道での逆走，AT車がシフトギアがbackであるにも関わらず前進してしまうこと，などが挙げられる．これらに対しては，組織として登録し，フェールセーフの適用，ETA(Event Tree Analysis)を活用した影響防止・影響緩和の事前検討，そしてこれが生じたときを想定しての定期的な訓練が必要である．

⑦　影響

⑦-2　環境影響

2015年9月の国連サミットで採択されたSDGs(Sustainable Development Goals：持続可能な開発目標)の17目標の達成に向けて，世界の全人類が協力・貢献する必要がある．この中でも，特に，下記への配慮が大切である．

7)　エネルギーをみんなに，そしてクリーンに
11)　住み続けられる町づくりを
12)　つくる責任・つかう責任
13)　気候変動に具体的な対策を
14)　海の豊かさを守ろう
15)　陸の豊かさも守ろう

⑦-3　影響・危害

人への影響が危害である．⑥-3のトップ事象モードを事前に抽出し，これが生じたときの影響を予測すること，そしてこの重要性を組織として理解・確認することが大切である．トップ事象モードの発生確率が高く影響が大きい，すなわち，リスクが大きいならば影響防止・影響緩和などの事前対策をとることが大切である．影響防止はフェールセーフ，影響緩和はフェールソフト，

フェールソフトリーが知られている．フェールソフトは，エラー・異常が生じても，機能または性能縮退しながらも，最小限の機能を果たし，その影響を緩やかにする工夫で，例えば，航空機のジェットエンジンの複数台設置などの冗長設計である．このとき，同一のものを複数台用意するのではなく，電子式と機械式のように機能達成メカニズムが異なるものを複数台用意する“多様化冗長”が大切である．フェールソフトリーとは，例えばタイヤにパンクが生じたときに，一昼夜車庫に置かれ，翌朝フラットになっているタイヤであり，影響がその場で瞬時に出るのではなく，危害が及ばないように影響が徐々に出てくる工夫をいう[6]．

以上，①～⑦をシステムとして表したものが図1.3である．既存技術を上記の①～⑦の視点より知識をDB化して蓄積し，さらには，これらを区分層別し，それを「抽象化」した上で新技術に適用すれば，これにより，例えば車のエンジンが，

ガソリン→ハイブリッド→電気

へと変化した場合においても，トラブル予測が可能になることが期待される．なお，影響に関するデータベースの構築・活用にあたっては，現行製品の市場トラブルから出発するとよい．表1.4は市場トラブルをExcelにて整理したものである．Excelのオートフィルター機能を用いて，アイテムごとの故障モードを抽出し，イントラネットにより開発・設計者の誰でもが参照できるようにすれば，FMEAにおける故障モードの洗い出しや信頼性試験への情報提供を容易になしうる．D社はこのイントラネットとFMEAを開発設計に取り入れることにより，新製品の市場トラブルの激減に実際に成功している．

1.5
信頼性データベース構築へのスキームの一例

図1.3の信頼性作り込みへの7つの視点を基に，図1.6に示す信頼性データベース構築へのスキームの一例ができあがる．この図の使用・環境条件とともも

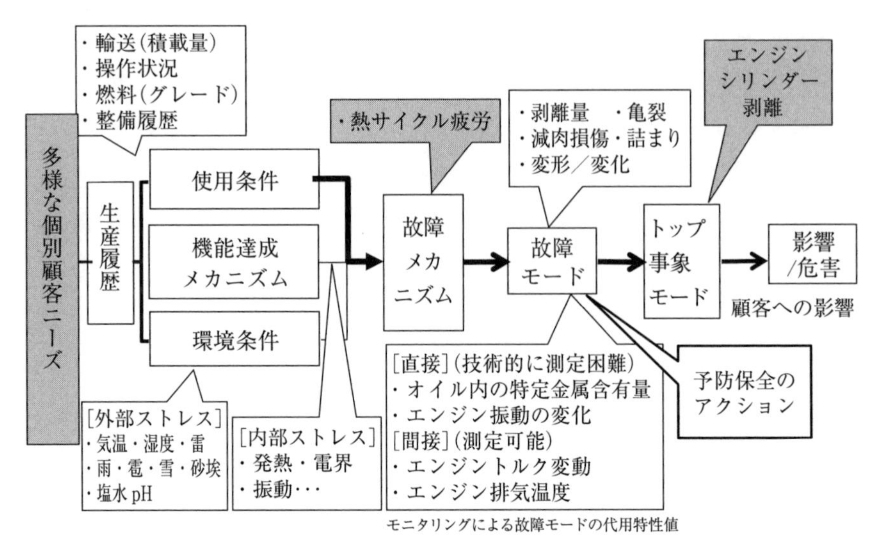

図 1.6　信頼性データベース構築へのスキームの一例

に正常時のビッグデータを収集し，前節で述べた正常域を策定することが大切である.

このとき，使用・環境条件により正常域が異なる可能性があり，これをいかに抽出し，重要なパラメータとして正常域を構築しうるかが大切となる. これとともに製品・システムの過去の故障などの経験より，本節で述べたストレス—故障メカニズム—故障モードの“Black Mode”に着目した情報も獲得し，“Black Mode”と”White Mode”の中間にある”Gray Mode”をいかに集めるかも大切である.

IoT，AI，ビッグデータの世界となったが，どのようなデータを，どのような切り口でモニタリングし，必要かつ十分なデータを収集・DB化するかが重要である . また，上記の図の生産履歴，顧客における使用環境条件下での種々のモニタリングは，表1.3のQA表に基づき構築されなければならない. 本章で記したQA表，信頼性作り込みへの7視点，信頼性データベースをビッグデータを収集・活用する切り口として検討いただきたい.

コラム

2017年10月オーストラリアの某企業の子会社において，脆弱なログイン名とパスワードによりハッカーが潜入し，4カ月間気付かず，F35A戦闘機のCUI(Controlled Unclassified Information：仕様書や実験データ)に被害があったことが報告された．このように信頼性データベース構築にあたっては，セキュリティの確保が大切となる．このためには，NIST SP 800-171セキュリティ要件，IPAよりのたくさんの手引き書などを参照するとともに，下記を参考にされたい．

“サイバーセキュリティへの基本的考え方”

1. 信頼・安心・安全への組織としての理念と規範の確立

経営トップ・部門長が信頼・安心・安全の重要性を，常日頃，機会あるごとに社員に伝える．

2. セキュリティを品質要素として捉え，品質向上への投資と考える

セキュリティを組織・企業の品質向上の投資として捉え，安心して組織・企業のイノベーションに挑戦し，持続的成長に貢献するためのものと位置づける．

3. サプライチェーン全体を通してグローバルに考え，かつローカルな施策をとる

エンドユーザ，グループ企業を含むサプライチェーン全体を通したグローバルな視点をもち，異なる各地域・国にまたがるセキュリティ対策の最適化とともに，各地域の制度を配慮したローカルな最適解を図る．

4. 自然災害と同様に自助，共助，公助の中で自助が最重要

インターネットユーザ一人ひとりが自らのセキュリティを守るすべをもち，事前に備える自助が大切である．セキュリティ問題は，組織内部の原因が70%であり，外部からの不正侵入・攻撃よりも多いという．例えば感染したUSBの持ち込み，違法コピー，脆弱なログイン名やパスワード，アップデート怠慢，不用意な接続，信頼しうるWebサイト外からのダウンロードである．

5. セキュリティへの信頼性工学の活用

- 危惧されるハザード・リスクモード(本章の故障モード・トップ事象モード)の具体化と共有化
- インターネットと従来の物理的な安全機構との完全分離
- 危険監視型ではなく安全確認型(ホワイトモード)の重視
- ホワイトリスト技術：実行可能なプログラムを事前登録し，マルウェアに侵入されても起動しない
- Bite設計：IoT機器システムが定期的に異常診断を行い，異常を検知したときには，自身を停止，ネットワークから切り離す

6. クラウドの活用

国内拠点のみでなく世界を繋ぐプラットフォーム化(標準基盤化)の為にはクラウドの活用が必須である．また，COVID19の危機における在宅でのテレワーク，そして世界の生産工場の重要管理項目モニタリング情報の共有化のためにもクラウドは欠かすことができない．

7. データセンターの活用

データセンターとはコンピュータを収容する専門の施設で，高効率で稼働する空調設備を備える．停電や地震へのBCP対策になるとともにセキュリティも高いといわれている．

【第1章の演習問題】

下記は，信頼性ストーリーの7つのステップと信頼性七つ道具との関連を示したものである．

空白にあてはまる信頼性七つ道具を埋めよ．

ステップ1 (　　　　　)により得た過去の技術情報，失敗情報，任務プロフィール，環境ストレス，故障メカニズム，故障モードなどに基づき，信頼性・安全性問題を予測する．

ステップ2 上記のステップ1の情報をもとに信頼性設計を実施する．信頼性設計を有効に効率よく実施するために確率論・統計学・故障物理学などから集められた(　　　　　)が用いられる．

ステップ3 現状の設計に対し，(　　　　　)によりどのようなトラブルが生じうるかを予測するとともに，(　　　　　)により絶対に起こってはならない“発煙・発火”などをトップ事象としてその発生防止を検討する．

ステップ4 関連部署が集まり，固有技術の統合化を図り，問題発生の抜けを抑えるべく(　　　　　)を実施する．

ステップ5 使われ方，環境条件の精査に基づき，環境試験ならびに寿命試験を中心とする(　　　　　)を実施する．

ステップ6 故障したテストピース・試作品に対し，その真の原因を工学的に究明し，弱点を改良し，さらなる高信頼化を図るために，(　　　　　)を実施する．

ステップ7 信頼性試験により得られたデータを(　　　　　)し，目標値の達成の定量的確証およびさらなる高信頼化に向けての検討を実施する．

第1章の参考文献

［1］ 信頼性技術叢書編集委員会監修，鈴木和幸編著，CARE研究会著：『信頼性七つ道具 R7』，日科技連出版社，2008年．

［2］ 鈴木和幸，椿広計：「ビッグデータ，機械学習，データサイエンスの近年に見られる発展と今後の展望」，『品質』，Vol.49，pp.29-34，2019年．

[3]　鈴木和幸：「品質・信頼性・安全性への未然防止体系とその新展開」，『横幹(Journal of Transdisciplinary Federation of Science and Technology)』，Vol.13, No.2，pp.73-83，2019.

[4]　真壁肇，鈴木和幸：『品質管理と品質保証，信頼性の基礎』，日科技連出版社，2018年.

[5]　鈴木和幸：『未然防止の原理とそのシステム』，日科技連出版社，2004年.

[6]　鈴木和幸：『信頼性・安全性の確保と未然防止』(JSQC選書)，日本規格協会，2013年.

[7]　茂木悠祐：「単位空間の最適化によるプラント異常診断の精度向上」，第48回信頼性・保全性シンポジウム，2018年.

第2章

信頼性設計技法

信頼性は設計段階で決まる．設計品質には①機能・性能だけではなく，②耐久性(信頼性)・保全性，③安全性も含まれ，これら設計品質の目標を決定し作り込むことができるのは開発・設計のフェイズだけだからである．そして，それは大規模システムに限らず，最先端の製造技術を駆使するLSI製品においても然りである．

設計品質のうち特に②と③を確保するための設計上での技術やそのために適用する設計上の工夫が信頼性設計技法であり，それには故障の発生を抑えるための基本的な信頼性設計技術と，設計段階で信頼性を予測する信頼度予測モデルがある．本章では，主に信頼性設計技術について一般的な考え方を紹介した後，具体的なLSIでの設計実例をあげて解説する．

2.1

信頼性設計技法と信頼性設計技術

信頼性設計技法は，信頼性設計技術と信頼性予測モデルで構成されている(図2.1)．本章では，主に信頼性設計技術について解説していく．

図2.1 信頼性設計技法と一般的な信頼性設計技術の種類 [1]

2.1.1 単純化・標準化・共通化

単純化は構造やシステムを単純にして，信頼性を上げる手法である．単純な構造にして部品の総数を減らすことは故障率低減に直結する．これは一般的に機器が直列系システムであり，全体の信頼度が部品個々の信頼度の積と考えられるからである．標準化あるいは共通化はすでに実績のある部品やソフトウェアを使用することで，信頼度の予測が容易となり，リスクを抑えられる点からも信頼性を確保しやすい．特に近年，ハードウェア(新技術)のみならずソフトウェアの完成度が悪く，大きな不具合を引き起こすケースが増えており，実績あるソフトウェアで動作する部品を使うメリットは大きい．多くのメーカが部品変更に対して慎重になるのはこの理由による．

2.1.2 設計余裕

部品や機器は外部環境あるいは使用条件下において様々なストレスを受け，

それらストレスによって引き起こされる内部変化が，ある閾値に達したときに故障にいたる．この故障モデルとして代表的なものがストレス－強度モデルである（ストレス－強度モデルは5.5.2項(3)参照）．

設計余裕とは，システムを構成する部品や材料のばらつきを考慮したうえで，内部変化を起こすストレスに対して余裕をもたせ，信頼性を向上する手法である．そのためには部品の耐性を上げるか，加わるストレスを制御して弱めるあるいは遮断するといった手段がとられる．

2.1.3　DFX（Design for X）

設計段階では多くの場合，設計者だけで実際の設計が行われていると思われている節がある．しかしながら，信頼性を決めるこの段階から製造技術者，評価・テスト技術者，品質保証技術者らが参画し，情報共有と設計へのフィードバックを行うことが，実は非常に重要なことである．DFXとはDFM（Design For Manufacturing），DFT（Design For Testing），DFA（Design For Analysis）などを指し，それぞれ製造や組立性を考慮した設計，テスト容易性を考慮した設計，故障時の解析性を考慮した設計のことをいう．歩留やコストを含めた製造や組立性は，その80%が設計で決まるともいわれており，テスト容易性や解析性は開発期間や品質改善のスピードにも影響を及ぼす．設計者だけではこれらのすべてをカバーして設計することは至難であり，開発・設計の初期段階からそれぞれの専門知識をもった担当技術者同士で連携をとり，最適設計をめざすことが望まれる．

2.1.4　冗長設計

冗長設計とは，同じ機能をもつ部品や機器を2つ以上システムに組み込み，少なくとも1つが正常であればシステムが機能するようにする手法であり，特に高い安全性が要求される場合や，高信頼性確保が必要な場合に必須となる設計技術である．

2.1.5　エラープルーフ

人はエラーをするものであり，それを前提に設計段階から対策をとっておくことが実際の事故や不具合防止には重要である．そのための手法としてエラープルーフがある．

エラープルーフとは，人間の不適切な操作や過失を防ぎ，万が一誤った操作がなされてもシステムの信頼性・安全性には波及しない仕掛けをいう．その手法は，大きくはエラー発生そのもの(原因系)の防止対策とエラーが発生しても影響(結果系)を最小限に抑える影響防止になるが，さらに流出防止の観点から発見に関する対策も含めることができる．

2.1.6　環境適合化

環境適合設計とは，開発・設計段階において，製品のライフサイクルを通じてその製品の環境への影響を明らかにし，改善をめざすことで環境への負荷低減を図ることである．この考え方をDFE(Design For Environment)と呼ぶこともある．DFEにおいても，トップの明確な方針に基づき，設計・開発部門だけでなく，製造技術や購買部門を含めた全社的な取組みが必要である．

2.2
LSIにおける信頼性設計技術

本章では前述の信頼性設計技術について，LSI設計の観点から解説する．

表2.1にLSIにおける信頼性設計技術の代表的な実施例をまとめた．LSIの設計は信頼性設計技術が最も活用されている分野の一つであり，体系化も進んでいる．

2.2.1　LSIにおける単純化・標準化・共通化

近年，プロセスの微細化や設計の複雑化，大規模化に伴い，その機能や性能

表 2.1 LSIにおける信頼性設計技術

手法		LSIにおける信頼性設計技術
単純化・標準化・共通化		• EDA ツールによる設計 / 検証 • IP(Intellectual Property)の活用 • TEG(Test Element Group)やメカニカルサンプルの活用
設計余裕		• 高信頼性プロセス適用 • マージン設計手法
DFX	DFM	• OPC • ダミー配線 • パッド配置制御
	DFT	• スキャン(SCAN) • BIST
	DFA	• 故障解析機能
冗長設計		• リダンダンシによる不良メモリセル救済 • ブロックリダンダンシ • リダンビア
エラープルーフ		• IR ドロップ考慮レイアウト
環境適合性		• Low Power 設計

は飛躍的に進歩している．プロセスが進みトランジスタがFinFETと呼ばれる立体構造をもつようになると，ますますそれは加速している．

例えば，PlanarFETトランジスタである28nmプロセスノードとFinFETトランジスタを用いた7nmプロセスノードでは，レイアウト設計で守るべきデザインルールの数が4倍以上に増えている(図2.2)．トランジスタの特性，振る舞いのばらつきも増すため，そのモデリング手法や設計フローも複雑になる．したがって，それらを開発するための設計フローやツール，メソドロジーを標準化，共通化することは，設計段階でエラーを作りこむことを回避し，設計ばらつきを抑制し，信頼度を向上することに大きく寄与する．

(1) EDAツールによる設計/検証

LSIの設計のために高度なEDA(Electronic Design Automation)ツールが開

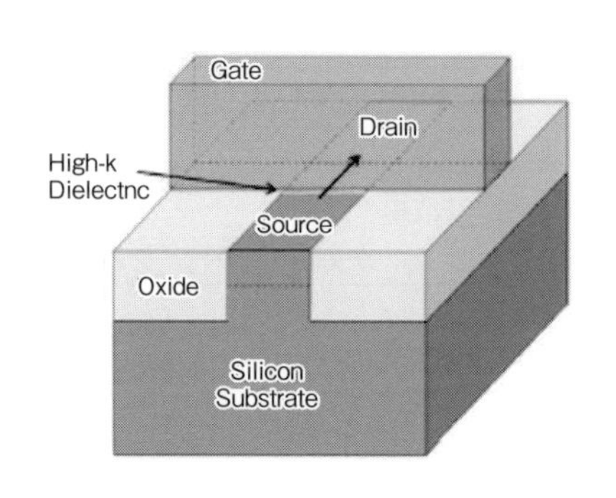

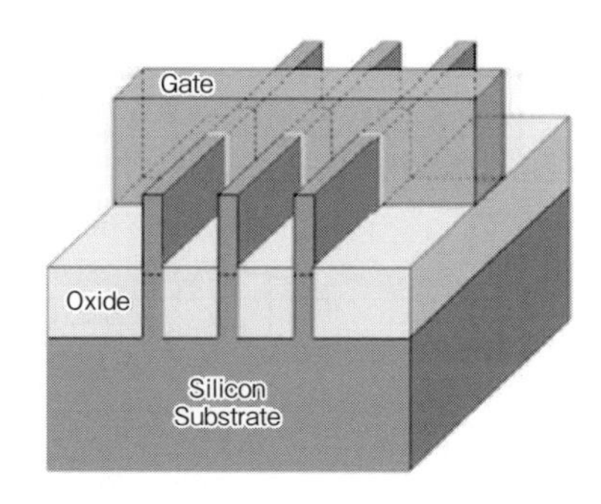

図 2.2 PlanarFET(左)と FinFET(右)

発され，普及しているが，これらにより，設計者がLSIの機能を専用の言語で記述すれば，論理合成によるゲートレベル回路の自動生成や，論理シミュレーションによる動作検証，チップのフロアプランから配線(電源，信号，クロック)まで可能となる．さらに動作保証，信頼性保証のため，プロセスとの整合性(デザインルールチェック)やレイアウトでの回路接続と設計上の回路接続との一致性確認，レイアウトに基づく配線遅延からのタイミング検証，電源ノイズ，IR ドロップ(電圧低下)，クロストーク，ESD(静電破壊)，EM (Electromigration)などのシグナルインテグリティ(Signal Integrity：デジタル信号品質)検証なども EDA ツールがカバーする．EDA を活用したこれら一連の手順は設計フローとして標準的なものとなっている(図 2.3)．

一般的に LSI の設計は，複数の設計者により分業して行われる．工程ごとや LSI を構成する機能ブロックごとに分担するなど，異なる技術レベルの設計者が 1 つの LSI 設計に関わるため，EDA ツールを中心とした設計フロー，手法を極力単純化，標準，共通化することは高い信頼性を保証するために，大切なことである．そして，常に最適な EDA ツールを最適な手法で使用することが求められる．

2.2.2 LSI における設計余裕

LSI 設計の立場からの設計余裕の考え方は，電子部品の標準的な使用方法や

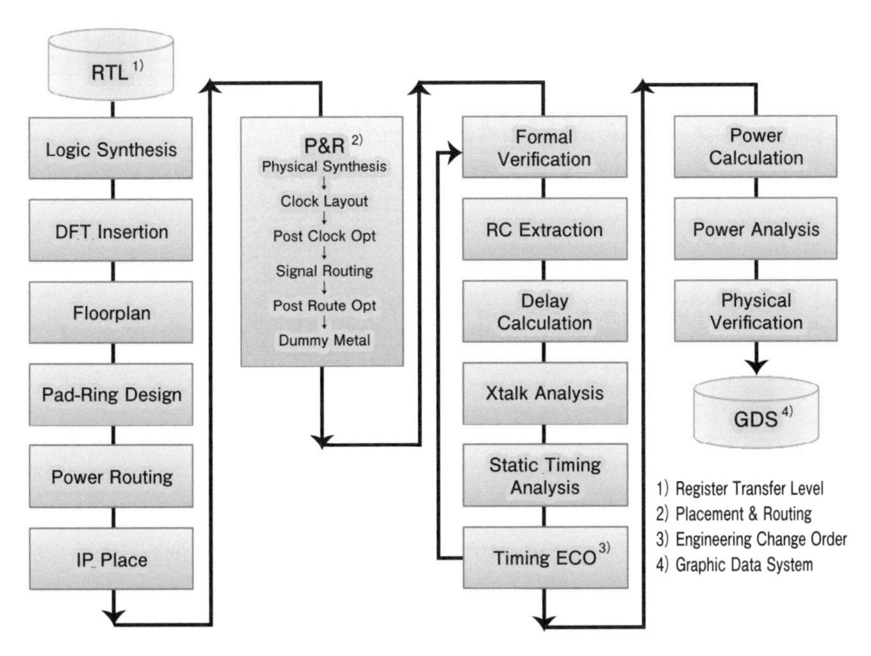

図2.3 一般的なEDAツールを用いた設計フロー

使用条件に対して，より厳しく設計し，実際の実力を要求仕様に対して余裕をもたせる，ということになる．

ただし，余裕をもたせた設計には必ずそこにオーバーヘッドが伴い，結果としてコストや消費電力の増加などを引き起こすこととなるため，十分な効果の検討とバランスを考えた最適目標や手法を適用することが重要である．

(1) マージン設計手法

マージン設計とは，文字どおり設計条件に「マージン」を追加して行うことであり，LSIに要求される仕様や使用条件に対して，あえて厳しい条件のもとで設計を行い，できあがったLSIに余裕をもった性能をもたせることである．例えば100MHzの周波数がLSI仕様であったとき，設計時には110MHzや120MHzでサインオフ(製造承認)する．あるいはシミュレーションで得られた回路遅延値に係数掛けして重み付けをし，100MHzでサインオフするといった具合である．これらは非常に単純な例であるが，実際には後述する様々な設計上の課題を考慮して，マージン設計の仕方も複雑に進化している．

①　外部環境・使用方法による性能のばらつき

LSIは外部環境や使用方法によってその性能に大きな差が出る．例えば，同じLSIであっても100℃を超える，もしくは0℃を下回る環境下で使用する場合では，その性能は室温下で使用する場合と比較し極端に劣化する．電圧特性についても同様で，標準電圧で使用した場合と比較し，低電圧下ではその性能が悪化することはいうまでもなく，さらに問題となるのは，そのときの性能の「ばらつき」が低電圧下では極端に大きくなることである．

②　設計データのばらつき

通常LSIを設計する場合，シリコンファウンドリから設計者にSPICEモデルと呼ばれるプロセスごとに異なるデバイスの特性データが提供され，それを用いてLSIの要求仕様(例えばスピード性能や消費電力)に合わせた設計を行う．このSPICEデータが100%正確にシリコン特性を表現できていれば問題はないのだが，実際には「ばらつき」があり，さらにプロセスの複雑化によってその製造のばらつきの出方も様々であるため，SPICEの精度を極限まで上げることは非常に難しくなっている．設計時に使用するEDAツールも，その機能や性能面で非常に進歩しているとはいえ，その結果には必ず「誤差」を含んでおり，その誤差さえ設計上無視できないレベルとなっている．

③　OCV(On Chip Variation)

昨今の先端大規模LSI設計では当たり前の問題として認識されているが，同一のシリコンチップの中で発生するばらつきも非常に顕著となっている(OCV：On Chip Variationと呼ばれる)．前述のSPICEモデルは，LSI内で使用される個々のプリミティブな論理ゲートごとにモデル化されるが，これら個々のモデルが同一チップの中では何千何万と繰り返し使用されており，それぞれでまったく異なった特性をもつことになる．OCVは，プロセスの複雑さが進んでいることに加え，LSI自体の物理サイズが大きくなってきたことにより，シリコンプロセスの特性均一化が難しくなってきていること，同一チップ

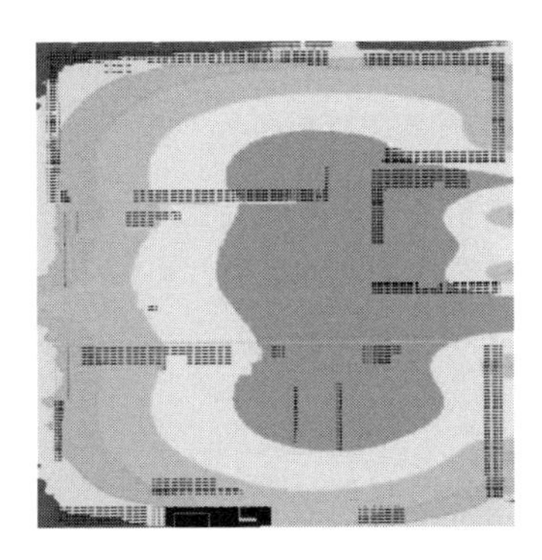

図 2.4 同一チップの中での電圧降下マップ

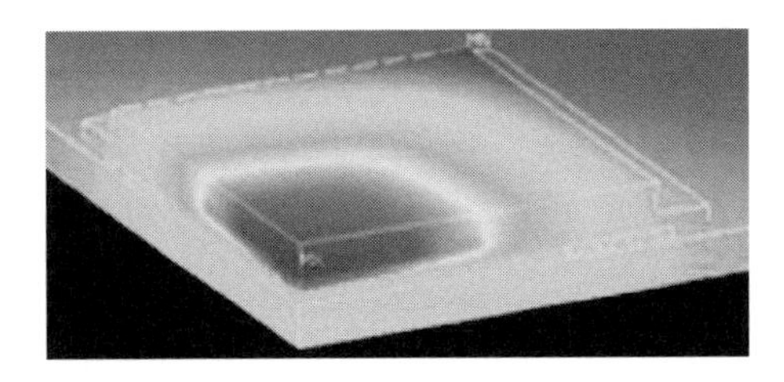

図 2.5 同一チップの中での温度分布

の中で発生する電源電圧の降下ばらつきが大きくなってきていること(図 2.4)，さらには温度のばらつきまで無視できなくなってきている(図 2.5)という，実に様々な要因の積み重ねにより生まれてきた問題なのである．

④ デバイスの劣化

マージン設計で考慮すべき点としてもう1つ，デバイスの劣化がある．LSIの性能は経年により劣化する．代表的なものはTDDB(Time Dependent Dielectric Breakdown)，HCI(Hot Carrier Injection)，NBTI(Negative Bias Temperature Instability)，EM(Electromigration)であるが，その劣化速度は使用条件や環境により異なる．一方，求められる寿命は製品によって異なり，それが1年後であっても10年後であっても要求仕様を満たした性能を保つ必要がある．つまり，LSIは設計段階からこういった経年劣化の影響まで考慮しておくことが必要となるわけである．

マージン設計技術の一部として「コーナー設計」と呼ばれるものがある．LSIの使用環境，条件は様々であるが，LSIが仕様として許容するある一定の範囲(定格)が定められている．その範囲の最良・最悪の条件を「コーナー条件」と呼び，コーナー条件のもとで設計する手法をコーナー設計と呼ぶ．例えば，定格範囲の最高電圧と最低電圧のコーナーそれぞれで設計を行えば，その間の電圧での動作は保証できることになる．これにより通常の使用条件に対して十分余裕をもって設計することが可能である．ただし，先端プロセスでは，プロセス自体の複雑さ，シリコン特性のばらつき，配線のばらつき，電圧や温度のばらつきなどの様々な要因の組合せを考慮する必要があり，「コーナー条件」を規定することが困難となってきている．そのため，近年のLSI設計では単純な最良・最悪の2条件の設計では足りず，いくつもの複雑な条件の組合せでの設計が行われている．

これら複雑なマージン設計手法は，実はLSIメーカごとに異なる．それぞれのLSIメーカはそれを独自の技術として確立し，他社と差別化している．

不必要に過剰なマージンはコストや電力の増大を引き起こす．一方，マージン不足による性能不足は信頼性の低下を招くことになり，最適なマージン設計技術，さらにはそもそもマージンが必要となる要因を回避するような設計技術が，高い信頼性を得るためには重要なのである．

2.2.3　LSIにおけるDFX

(1)　光近接効果補正(OPC：Optical Proximity effect Correction)

LSIは回路パターンをリソグラフィ技術によってウェーハ上に焼き付けるが，このとき使われるパターン原版をフォトマスクという．LSIの微細化が進み，露光装置の露光波長よりも小さなパターンを形成する場合，近接効果と呼ばれる現象により，できあがりパターンが変形する．この変形を防ぐためにあらかじめ近接効果を予想し，マスク上でOPCと呼ばれる補正を行う．例えばパターンのコーナー部分が丸まるなどの変形を，コーナーの角部に突起を付けるなどの修正を加えておくのである．

さらに微細化が進むと，OPCによる補正を行っても露光装置のばらつきなどにより，その形状によってはウェーハ上に期待どおりのパターン生成が難しくなってくる．そのようなパターンを「ホットスポット」と呼び，信頼性低下を引き起こす原因の一つとなる．Lithography checkingはこのようなホットスポットを検出するDFM技術の一つであり，マスクレイアウト検証ツールによって実施される(図2.6)．

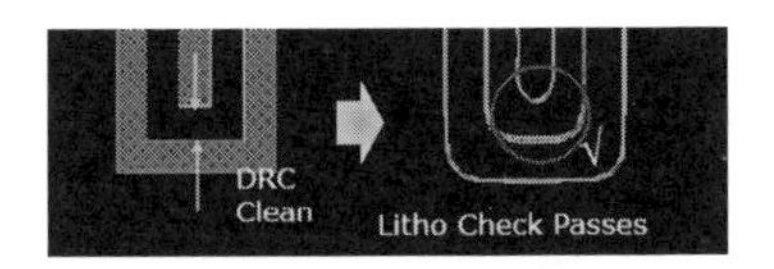

図2.6 設計パターンとLitho check結果(問題ない例(左)とホットスポットの例(右))

(2) スキャン(SCAN)

スキャン(SCAN)はテスト容易設計手法であるDFTの一つで，ランダムロジックに適用する．LSI内のフリップフロップ(FF)をスキャンFFという特殊な回路(セレクタ付きのD-FF)に置き換え，それをシリアルに接続することで，シフトレジスタを構成(スキャンチェーンという)する．こうするとLSIの外部I/O端子から内部回路のFFを観測・制御できるようになり，LSIの外部入力端子(スキャンイン)からテストパターンを送り込み，出力端子(スキャンアウト)からデータを読み取ることで不良を検出することが可能となる．現在ではテストパターン生成もATPG(Automatic Test Pattern Generation)という技術が確立されており，スキャンチェーンに対して効率のよいテストパターンが自動生成される．

昨今では回路規模の増大からスキャンチェーンが非常に長くなってきており，それがスキャンテスト時間を長くしている．この問題を回避するため，複数のスキャンチェーン(複数の入出力外部端子ペアで接続されたチェーン)を構成する「マルチスキャンチェーン技術」，あるいは内部にスキャンチェーンの圧縮・展開回路を挿入することで入出力外部端子ペア数を最少に抑えながら内部のスキャンチェーン数を最大化する「スキャン圧縮技術」(図2.7)などが確立され，高いテストカバー率を保ちながらも効率のよいパターン生成が実現されている．

(3) BIST

BISTはBuilt-In Self Testの略で，これも代表的なDFTの一つである．LSI内部にテスタと同様な機能をもたせ，チップ自身での自己診断を可能にす

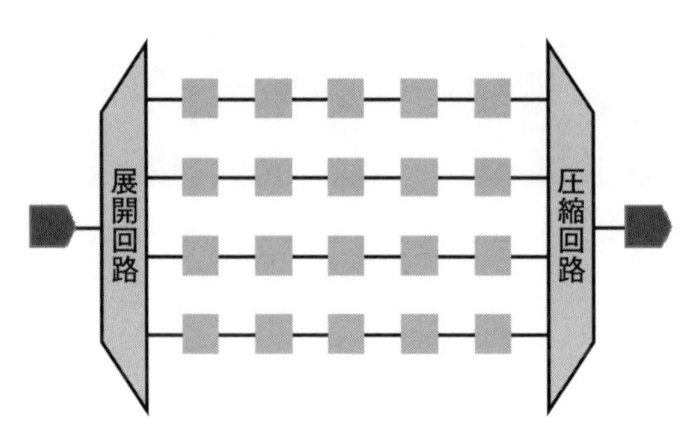

図2.7　スキャン圧縮技術

る技術である．内蔵させるのはテストパターン発生回路とテスト結果判定回路である．BISTの最大のメリットはテストコスト削減である．テストパターン発生回路をもち，かつ実動作速度でのテストが可能であることから，テスト時間が短縮され，高価なテスタを必要としない．また，必要なLSI外部端子数も少なくて済むので，並列テスト(同時に複数個の測定)が可能となる．

一般的にBISTはメモリマクロのテストを目的としたMBIST(Memory BIST)として実装されるほか，ランダムロジックのテストにもLBIST(Logic BIST)として実装されることもあり，どちらも内部でテストパターンを発生し判定する仕組みは同じである．メモリマクロのテストは比較的テストパターンの規則性が高く，BIST回路で作成したパターンを適用しやすいため，MBISTは一般的に広く使用されている技術である．

(4)　故障解析機能

LSIに市場などで不良が発生した際，その故障個所を検出，解析をし，故障原因を特定することが必要となる．DFT(Design For Testing)は，文字どおり「テスト」のための設計で，これによりLSIテストのパス・フェイルを判定することができるが，そこにさらにDFA(Design For Analysis)の機能をもたせることで，その故障個所の検出性，解析性を上げることができる．

いわゆるDFAとしてのDiagnostic feature(診断機能)は一般的にDFTの一部として実装することが多い．例えばMBISTはLSI内部で自己診断，判定結果を出力するが，それだけでは故障が存在するか否かしか知ることができない．それだけで十分なケースもあるが，解析性をもたせるために追加回路を実装することも多く，これによりメモリセルの故障アドレスのマッピング情報を得ることができるようになる．

2.2.4 LSIにおける冗長設計

LSIにおける冗長設計には2つの側面がある．1つは信頼性向上を目的としたもので，システム内で使用するLSIを冗長化する，というようなやり方に留まらず，LSIの内部において，その部分的な機能や部位の冗長化なども含まれる．もう1つは歩留向上のためのものである．微小欠陥で不良となるLSIでは欠陥低減での歩留向上には限界があり，例えば，リダンダンシによるメモリセル救済などは非常に重要な歩留向上技術となる．表2.2に主なLSIにおける冗長設計の例を示す．

2.2.5 エラープルーフとしてのIRドロップ考慮レイアウト

LSIの消費電力は動作周波数の増大等により大きくなる傾向にある．一方，電源電圧はプロセスの進歩により低下している．このことは増大するLSI内部に流れる電流を駆動することの困難さが増すことを意味しており，さらにはチップの巨大化に伴いチップ内部の電源配線がもつ抵抗により，配線長によっては大きな電位差が生じることとなる．この電圧降下はIRドロップと呼ばれ，外部端子となるパッドから遠くにある回路では動作マージンがなくなり，場合によっては誤動作を発生させることがある．

IRドロップについてもレイアウト設計時に検証されるが，実際にはユーザでの使用時においては様々な外部からのノイズが生じる可能性もあり，よりリスクを下げるために，消費電流の大きな回路のそばに容量素子(デカップリングキャパシタ)を配置したり，また回路そのものをできるだけパッドから近い部位にレイアウトし，IRドロップの影響を抑えるなどの工夫をしている．いわゆるフェイルソフトである．

表 2.2　代表的な LSI 冗長設計

代表的な冗長設計	主な目的	技術内容
ECC（誤り訂正符号：Error Correction Code）	信頼性向上	代表的な冗長機能であり，特にソフトエラーの影響が懸念される大規模メモリあるいはメモリ混載 LSI では信頼性向上のために非常に重要な技術．元データに冗長ビットを付加した符号化を行い，データ読み出しの際に符号化データのビット誤りを検出・訂正する．
ブロックリダンダンシ	歩留向上	本来必要とする数のコア（ブロック）に加え，予め設計段階で冗長コアを実装しておき，テストにより不良が検出されたコアを冗長コアに切り替えて救済，使用するもの．一般的にブロックリダンダンシによる歩留改善効果は高いが，冗長コアによるチップサイズの増大も大きい．
デュアルロックステップ	信頼性向上	いわゆる並列冗長であり，プロセッサコア動作の信頼性向上機構として，最も一般的な方式である．2つのコアを1チップ内に搭載し，同期をとりながら同じ処理を行い，比較回路で比較された処理結果が同じだった場合のみ実行する．
トリプルモード冗長	信頼性向上	最も単純な多数決冗長（m/n 冗長）であり，フォールトトレラントなコンピュータシステムなどではすでに一般的に適用されている．LSI においては，例えば3つのフリップフロップの出力が多数決回路によって処理されて正常な結果を出力するようにしたもの．

2.2.6　Low Power 設計（環境適合性考慮）

環境適合性を考えたとき，LSI が消費する電力を少なくすることは非常に重要なことである．昨今ではネットワーク，サーバ系の LSI で消費される電力は，優に 200W，300W を超える．わずか数センチ四方の大きさの LSI が白熱電球やそれ以上の電力を消費することは驚きだが，それを何千も並列に並べて動作させるデータセンターの消費電力量は，今や全世界のエネルギー需要量の数％オーダーに及ぶといわれている．これは，単に LSI が消費する電力によるものがすべてというわけではなく，LSI が動作する際に発する熱を冷却するために消費する電力も膨大であるためである．

LSI の消費電力を抑える設計，いわゆる Low Power 設計は極めて重要で，各 LSI 設計会社が設計技術の取組みとして最も力を入れている領域の一つである．Low Power 設計技術は多岐にわたり，その難易度や工数，コストなどがそれぞれで異なり，その効果は対象製品や使用条件などによって変わってくる．

ここでは，一般的に用いられるいくつかの代表的な Low Power 設計技術についてまとめておく(表 2.3)．ただし，ここに挙げられた一般的な設計技術でも，適用する LSI 設計会社によってその独自性や効果がまったく異なるので，実際に開発で使用する際には期待に合致した最適な技術を適用することが重要となる．

2.3 LSI における信頼性設計技法の実際

以下では LSI の開発・設計段階での信頼設計技法に関連して，実際の設計事例を紹介する．

2.3.1　AI アクセラレータチップの設計

(1)　開発チップの概要

昨今，世界中で AI の技術導入が進められ，その効果や将来性が明らかになるにつれ，実用化が急ピッチで進んでいる．AI が進化するにつれ，従来のような汎用プロセッサ上での処理は限界を迎え，多くの AI プレイヤーが独自でハードウェアの開発に乗り出している．そして，独自の AI のアルゴリズムを専用ハードウェアで動作させ最大効果を得るというこの流れの中で最も重要視されるのは，いかに多くの AI 処理用のコアを LSI の中に搭載し，高速で並行処理できるかという「処理能力」，電力あたりでどれだけの処理を行うことが

表 2.3　代表的な Low Power 設計技術

Low Power 設計技術	技術内容
Power Island	ある特定の機能ブロックの電源供給を他から分離させ，(電源島)その領域だけ電圧を変えたり，電源供給を一時的に止めたりする技術.
Power Gating	Power Island と同様電源島に分離するが，そこに電源スイッチを入れて動的にオンオフを切り替えて電力を抑える技術.
Clock Gating	クロックパス上に，クロックのトグル信号の伝搬をオンオフ制御するためのスイッチを入れ，クロックの動作が不要な箇所に不必要なクロックのトグルが伝わって無駄な電力を消費しないようにする技術.
Multi VTH	トランジスタの電力リークは必ず起こるが，リークのしやすさは閾電圧(VTH = Voltage Threshold)の高さによって異なる．閾電圧が高いとリークは小さいがトランジスタの反応速度が遅い，逆に閾電圧が低いとリークが大きいが反応速度は速い．求められる回路スピードを満足しつつ，リーク電力をなるべく抑えるような VTH の選択をする手法.
AVS/DVFS	Adaptive Voltage Scaling/Dynamic Voltage and Frequency Scaling チップを通常よりも低速で動作させる場合高い電圧は必要としない．その場合通常よりも低い電圧で動作させることで電力を下げる技術. もしくは低い電圧や高い電圧に合わせて最適周波数で動作させて電力効率を上げる技術. 動作周波数や電圧，温度などを常時モニターして動的に調整を行う複雑なものから，チップの実力に応じて動作電圧を変更する比較的単純なものなどもある.

できるかという「電力効率」である.

ここでは，これらの要求に対して実際にどのような対策をとり，LSI を開発，完全動作させたか，についての事例を示す．このケースでは当時最先端の12nm プロセスを用いて，製造限界に近いサイズのチップを設計，開発している．そのチップを 4 つ，1 パッケージの中に実装し，それら 4 つのチップ同士も高速でインターフェイスさせることで，パッケージ化された 1 つの LSI で 4

つ分のチップの処理能力を最少の実装面積で実現した．

(2) 処理能力対策

① メカニカルサンプルの開発と実装実験

製造限界に近いサイズのチップが4つ入ったLSI．そのパッケージサイズは超巨大であることはいうまでもない．そのような巨大なパッケージの基板，それを実装するためのボードなど，必然的に設計や材料が特殊となる．さらに超多数のバンプパッドをもつ4つのシリコンチップをパッケージ基板に実装し，すべての接続性を正しく確保することは至難の業である．実装技術そのものや，そのスループット，あるいは電源供給，ノイズ，熱などの各種対策も必要となる．

このような非常に高い技術レベルが求められるLSIに対して高い信頼性を確保するための策として，メカニカルサンプルを先行して開発した．

メカニカルサンプルとは，一般的には本物のチップを搭載しない，(本物のチップを製造する前に)実装性評価の目的のために作成されるダミーのサンプルのことである．このメカニカルサンプルは，シリコンチップとパッケージ基板においてデイジーチェーンを構成し，実装時に接続関係に問題が発生するとそれが検出できるような仕組みを施している．これを用いて実装実験を繰り返すことで最適条件を抽出，対策し，信頼性を高めることが可能となった(図2.8)．

パッケージ基板とシリコンチップは，材質が異なる．つまり熱膨張率も異なるため，それらがある条件下で接続をもっていても，外部条件(例えば熱)が変わることでそれらの接続性を保持することが困難になり，オープン不良が発生する．それは，そのサイズが大きいほど影響が大きくなることはいうまでもない．シリコンチップやパッケージが巨大だと，それらの反りも問題となる．外部から加わる力の均等化もむずかしく，コーナー部分は特にパッケージボールが破損したり剥がれたりなどの問題が発生しやすい．このような一連の課題をあらかじめ対策するため，前述のメカニカルサンプルは非常に有効な手

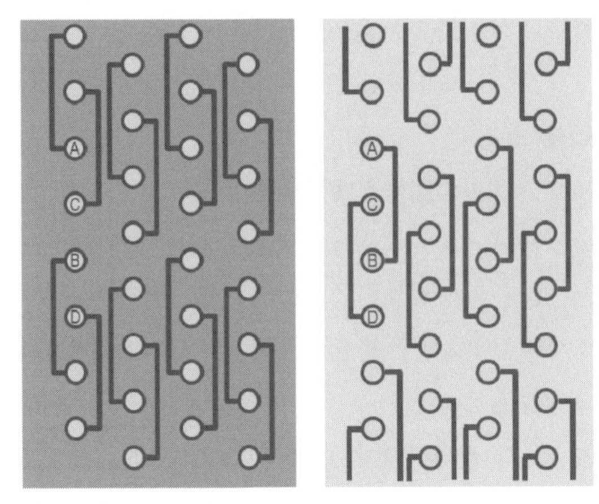

シリコン上のバンプパッドと配線イメージ(左)
パッケージ基板上のバンプパッドと配線イメージ(右)

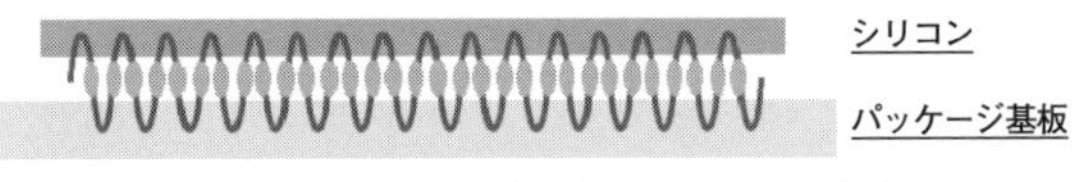

シリコンとパッケージの断面イメージ．デイジーチェーンを構成している

図 2.8　メカニカルサンプルのデイジーチェーンイメージ

法である．

② **チップ間インターフェース IP（Intellectual Property：設計資産）の開発**

4つのチップをパッケージの中に収め，それらの間を高速にインターフェースする．それによりパッケージ化された1つのLSIで4つ分のチップの実力を発揮するのがこのLSIの特徴である．チップ間インターフェースについて，どのような仕様で実現するか慎重な検討が要求される．

チップ同士をインターフェースするためのIPは，専業のIPベンダが提供している．ただ，そのようなIPは一般的に高価で，仕様に対してオーバースペックであり，エリアや電力なども不必要に大きいことが多い．逆に既存の汎用IOなどでは必要な帯域を確保することが困難でソリューションになり得ない．このような場合，求める仕様に合致した手ごろなものを用意しなければならない．

パッケージの中に収めるチップ同士の距離は非常に短い．そのためIOドライバに特に大きなドライブ能力は不要である．また，インターフェースする先が自身と同じチップのIOであるため，一般的な汎用IO(GPIO)のようにプリドライバ(コア電圧で駆動するバッファ)とポストドライバ(高電圧で外部デバイスを高駆動するバッファ)で構成される必要はない．こういった要求を考慮しつつ，スピード，電源電圧の仕様を決め，専用のインターフェースIPが新規開発された．

開発したIPはその性能や機能の実現性を確認するため，テストチップに実装して評価が行われる．この時大切なのは，実際のLSIでの使用条件にいかに合わせて評価するか，である．IP単独での特性はシミュレーションなどで比較的容易に見積もることができるが，そのIPが複数並べられ，そしてそれらが同時に動作した際に，あるいは様々なシステム上のユースケース(シナリオ)で動作した際に，どのような特性を示すかの見積もりは複雑である．これらを正確に評価するため，テストチップでは実際のLSIと同様なIPのレイアウトを再現し，チップ内部にはランダムパターン作成回路を実装し，様々なケースでのIPの動作を実現，評価できるようにするのである．

このように新規でIPを開発する場合，実際のLSIにそれを適用する前に十分な評価を行うことが大切で，場合によってはテストチップにてシリコン上の実力をしっかり評価する，ということがそのIPの信頼性を確保するために必要となる．

③　コアリダンダンシ

冗長設計の技術としてブロック(コア)のリダンダンシは歩留向上に有効な方策であるが，コアのリダンダンシの適用を考えるうえで大切なのは，その効果である．余分なコアをあらかじめ入れておくため，当然その分エリアが増える．しかし，そのエリア増分を考慮してもその冗長救済効果が高ければ適用するべきだし，そうでなければ適用は見送る．また，その効果を見積もる際にも何個のコアあたりに1つリダンダンシコアを入れるか，ということも重要になる．

例えば，コアブロックの1つの面積が××平米で，その面積での故障率が

1% だったとする．（なお，この面積当たりの故障率を欠陥密度と呼び，これはシリコンファウンドリの実力といい換えてもよく，非常に重要かつ機密性の高い情報である.）このブロックが10個チップ内に並んでいるとすると，そのときの歩留予測は $0.99^{10} = 0.904$(90.4%)，つまりチップ10個あたり1個故障が発生する確率となる．ここでもし1個リダンダンシコアを追加したとしよう．つまり全部で11個のコアブロックが並ぶことになり，チップとしてはこの中の1個までの故障は許される．この場合の歩留りも簡単な計算で算出できる．

$$0.99^{11} + 0.99^{10} \times 0.01 \times 11 = 0.995(99.5\%)$$

つまり，チップ100個あたりで1個故障があるかどうか，というレベルまで改善ができるのである．ここで注意しなくてはならないのは，リダンダンシコアが1個追加されているためチップ面積は大きく，コストもその分上がっていることである．ただし，LSIを構成するのはシリコンチップの中のコアだけではないわけで，総合的に見てこの歩留改善が効果的かどうか，が大切なのである．

この事例では，コアブロック16個あたりに1個のリダンダンシを追加した．そしてその17個のコアブロックのグループがチップ全体で数十個並ぶイメージだ．各コアの中に配置されているSRAMもリダンダンシ化するかどうか検討したが，これは効果が限定的(コアリダンダンシで十分)であると判断し適用は見送られることとなった．

テスト設計では，各コアを個別でテストできるようにし，前述のグループ内17個のコアのすべてでパスするか，1個までのコアのフェールであればそれを「パスグループ」とし，すべてのグループがパスグループであれば良品であると選別できるようにした．そしてそのテスト結果(どのコアがフェールしているか)はすべてeFuse(Electrical Fuse)に書き込んだ．LSIユーザはLSI起動時にこのeFuseの情報を読み出し，使用するコアを判断する，という仕組みである．

(3) 電力効率最大化の具体例

① 低電圧設計

「電力効率」とは，電力あたりにどれだけの性能を発揮できるか(どれだけの周波数で動作するか)である．例えばあるチップを1Vで100MHz動作させたときに消費する電力が1Wであったとき，それを1Vで200MHz動作させると理論上電力は2Wになり，電力効率としてはどちらも100MHz/Wで変わらない．ところが仮に0.9Vで90MHz動作させると，理論上電力は0.73Wとなり，電力効率は90MHz/0.73W = 123MHz/Wと改善する．これは，消費電力が周波数に対しては単純に比例するが，電圧に対しては2乗で比例するためである．つまり，電力を下げるための最も効率のよい方策が低電圧化である．そして，データセンターで消費される莫大な電力を考えると，仮にLSIの動作周波数が少々低くても，電圧を下げて消費電力を抑えられれば電力効率がよくなり，総合的に見て効率的，と考えることもできるわけである．

さて，このような考え方のもと，本事例ではとにかく電力効率を優先に置くことに主眼を置き，そのため動作電圧を低く抑える設計が施された．チップは12nmプロセスで設計しており，その標準動作電圧は0.8Vである．この電圧で設計したとき，どの周波数で動作が可能か，そしてこれを下げていったときにどう周波数が下がっていくか，いくつかのケースで検討を行うとともに，それをユーザのもつサーバシステムに対する構想と照らし合わせ，また，経済合理性をも考慮し，最終的に最適なターゲットの電圧を決めることが重要となる．

ただ，動作電圧を下げるといっても，実は設計上はそう簡単な話ではない．トランジスタには閾電圧(スイッチが1か0かに切り替わる電圧レベルのこと)があり，ゲートにかかる電圧が下がっていくとその閾電圧に近づく．厳密には閾電圧は外部条件によって変化するので一意には決まらないのだが，閾電圧に近づけば近づくほどトランジスタの振舞いのばらつきが大きくなり，それを吸収するような対策が必要である．

また，そもそもすでに供給されるソース電源の電圧を低く抑えるわけなので，それがチップの中でさらに電圧降下が発生しないような設計なども必要であり，後述するユニークなクロック設計も実は低電圧での設計に非常に効果的な手法である．

②　Fishbone クロック設計

LSI 設計において，プロセスが進んで以降も，あるいはそれ以前からも，最も肝となるのはクロックである，といっても過言ではない．デジタル回路はクロック同期設計手法が主流で，クロックのエッジのタイミングに同期して回路内のフリップフロップがデータを授受する．このクロックが適切なタイミングでフリップフロップに受け渡されないと，回路は正しく動作しない．クロックは回路内すべてのフリップフロップに接続するため，必然的にその設計は正確で信頼性の高いものである必要がある．

通常，クロック設計ではすべてのフリップフロップへの到達時間をなるべく合わせることに主眼をおく．このクロック到達時間をクロック latency，到達時間の差をクロックスキューと呼ぶが，このクロック latency やスキューは，設計時の特定の条件下で合わせ込むのは比較的容易に実現することができる．EDA ツールが非常に簡単に素早くクロックバッファツリーを挿入してくれるのである．このようなクロックツリーの作成手法を CTS(Clock Tree Synthesis) と呼ぶ (図 2.9)．

しかしながら，これには以下のような課題がある．

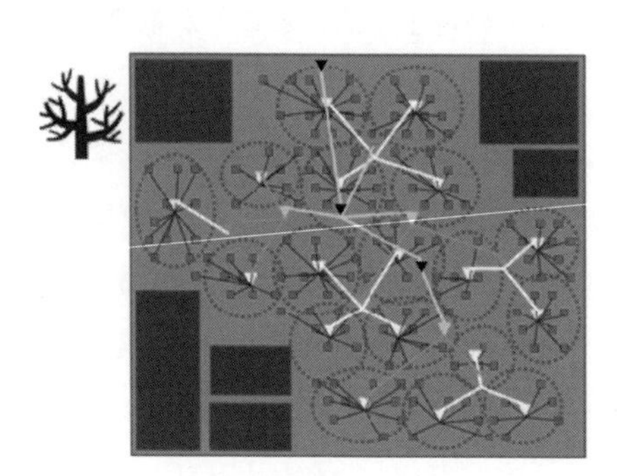

(■：フリップフロップ / ▲：バッファ)

図 2.9　CTS イメージ

- 多数のバッファで latency やスキューを合わせ込むためバッファが消費する電力が大きい．
- ツリーが多段になるため，前述の OCV の影響を受けやすくばらつきが大きい．
- 外部条件によりスキューの大きさに差が出やすい (温度や電圧の影響を受けやすい)．

- 特に電圧が下がると個々のバッファの性能ばらつきが大きくなるため，それらの積み上げ影響がスキューに大きく与えられる．

特に低電圧化による電力効率アップが重要な設計の場合，このようなクロック設計が原因となるような信頼性の低下は回避する必要がある．

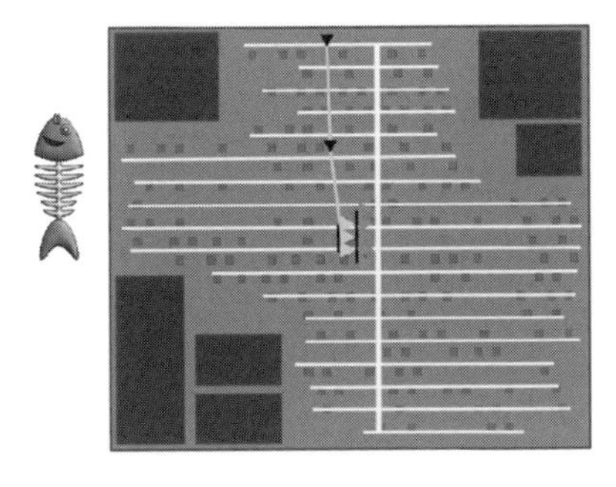

（■：フリップフロップ／▲：バッファ）
図 2.10　Fishbone イメージ

そこで本事例で適用したのがクロック設計技術，“Fishbone”クロック設計である(図 2.10)．Fishbone クロック設計とは，文字どおり魚の骨の形をしたクロック作成手法である．

Fishbone クロック設計はその仕組みも技術も一見簡単に見えるが，実は非常に複雑で，その作成方法も検証方法も難易度は高い．しかし，これにより得られるメリットは，CTS 手法の課題を解決できるものであり，特に低電圧化設計においても大きな効果を発揮する．

- Fishbone クロック上のバッファやキャパシタンスは，CTS クロックと比較して非常に小さい．そのため電力消費が相対的に低い．
- Fishbone クロックに挿入されるバッファは段数も配置も限定的である．そのため OCV の影響は最小となる．
- どのフリップフロップに対しても Fishbone ツリー内に存在するバッファの種類や段数が均一であるため，外部条件の変化により受ける影響もすべて同じになる．
- 電圧が極端に低い場合でも，Fishbone クロック内すべてで均等に影響を受けるため，結果として latency やスキューは均一に抑えられたままになる(低電圧設計に強い)．

高い電力効率を得るために低電圧で設計を行うとき，低電圧で設計をしてもなお高い信頼性を維持するために，Fishbone クロックは必須の技術である．

③　低電力 SRAM の開発

一般的に LSI 設計で使用される組込み SRAM は，メモリコンパイラと呼ばれる SRAM マクロ自動生成ツールにより作成される．通常は LSI1 つの中でも相当数の SRAM が使用されるため，必要な構成の SRAM がツールにより自動で作成される，というのは非常に理に適った手法である．

ただし，そのように自動で作成された SRAM が果たして開発しようとしている LSI にとっての最適なものか，は別問題である．当然のことながらそのようなコンパイラで作成された SRAM は比較的ジェネリックな活用のされ方を想定しているため，性能的に高めでオーバースペックである可能性が高い．つまり，例えばその LSI は 100MHz での動作しか想定していないのに，SRAM 内部の回路は 300MHz まで動作できるようになっており，そのオーバースペックの分はチップ面積や電力などの形でムダに消費することになる．

チップ全体で使用されている SRAM をコンパイラを使用せずに 1 つずつ最適に開発することは現実的でなく，だからといってすべてにオーバースペックなものを使用することでムダな電力を消費するのは電力効率の最適化を目指すうえで極力避けたい．例えば，本事例ではチップ内で繰り返し並べられるコアブロックの中で使用されている SRAM のみを，その効果を鑑みて最適なカスタムマクロで開発することにした．

通常，SRAM マクロの中で使用されるメモリビットセルはファウンドリ供給で各 LSI メーカ共通である．そのため，SRAM をカスタムで最適開発する際には周辺ロジックに手を加えることになる．具体的にはターゲットの電源電圧で，ターゲットの周波数を満足するのに必要十分な回路構成にシュリンクする．このような方法でカスタム開発したマクロは，テストチップによる評価を経て，コンパイラで作成したものに比べて電力が 15% 削減でき，これによりチップ全体の電力削減にもつながった．

2.4 おわりに

信頼性において設計段階が最も重要であることは間違いない．製造性やコスト面でも設計の影響は大きい．LSIの開発・設計における信頼性設計技術のほとんどがEDAツールとして開発・販売されている理由もここにある．LSI設計においては信頼性設計技術の標準化が確実に進んでいるといえる．

しかしながら，それだけでは十分ではなく，今後も続く設計やプロセスの高度化にも関連して，技術として積み上げていくべきことは尽きることはない．この場合，設計技術者同士(チップ設計とパッケージ設計，デジタル設計とアナログ設計，回路設計とレイアウト設計など)あるいは製造技術者，評価解析・テスト技術者，品質保証技術者らとの連携，コンカレントエンジニアリングと，本章で扱った信頼性設計技法を含むR7によるアプローチがますます重要性を増すものと考える．そして，それはまたLSI設計に限定されるものではなく，すべての開発・設計に共通するものである．

日本時間の2010年6月13日深夜に7年ぶりに地球に帰還した小惑星探査機「はやぶさ」が，月以外の天体に着陸して地球に戻るという世界初の快挙を成し遂げたことはご存じのとおりであるが，この成功を支えた“裏技”こそ冗長設計といえるだろう．

「はやぶさ」は小惑星イトカワ到着後，燃料漏れが原因で12基の化学エンジンすべてが故障し，その後イオンエンジンを使って飛行を続けることになったが，4基のイオンエンジンのうち生き残っていた1基も故障してしまった．この時点で帰還は絶望視されたというが，開発者が仕込んでいた予備回路を使って故障箇所の異なる2基のイオンエンジンをつなぎ，互いの壊れていない機能を使って1基分のエンジンとして活用することで，奇跡的帰還を実現させたのである．この4基のイオンエンジン自体が冗長となっており，かつ予備回路を組み込むことで，構成機器レベルでも冗長性をもたせていたというわけである．

【第2章の演習問題】

［問題 2.1］　次の項目の中から設計段階では通常使用されない管理手法あるいは技術はどれか．

ア．FMEA　　イ．DR(Design Review)

ウ．SPC(Statistical Process Control)　　エ．DFX　　オ．FTA

［問題 2.2］　ある電子回路の抵抗には最大0.8W の負荷がかかるが，信頼性向上のため実装にあたって定格5W の抵抗を用いた．この信頼性設計技術は何と呼ばれるか．

ア．環境適合化　　イ．設計余裕　　ウ．冗長設計　　エ．DFX

オ．単純化・標準化・共通化

［問題 2.3］　冗長設計は信頼性技術の一つであるが，信頼性向上の他にも用いられることがある．LSI 設計でブロックリダンダンシの主な目的は何か．
ヒント：本文に解説あり．

ア．工数削減　　イ．性能向上　　ウ．品質向上　　エ．標準化

オ．歩留向上

第2章の参考文献

［1］　信頼性技術叢書編集委員会監修，鈴木和幸編著，CARE 研究会著：『信頼性七つ道具 R7』，日科技連出版社，p.52，2008 年．

第3章

FMEA/FTA

FMEA/FTA は，開発段階におけるトラブルの未然防止技法として，信頼性，安全性分野はもとよりサービス分野などでも幅広く利用されている．本シリーズ既刊『信頼性七つ道具 R7』[1] では，入門編としてその概要および実施法を解説した．本章では「応用編」としてできるだけ重複を避け，FMEA/FTA を実施したとき，あるいは教育・訓練の場でしばしば議論されるような内容を扱うことにする．

FMEA/FTA は容易に実施でき，簡潔なアウトプットによりマネジメント意思決定を支援する優れたツールであることから「三要素 FMEA」など，適用分野や手法の応用が広がっている．定められた様式・手順に従うことも時に必要であるが，目的に即して工夫が大切である．本シリーズ『新 FMEA 技法』[2]，『新 FTA 技法』[3] も合わせて参照されたい．

3.1

FMEA/FTA

ニーズの多様化やテクノロジーの進歩によりシステムが複雑化して分業が進むと個人が全体を把握するのは困難になる．重大故障や不具合を未然防止するためには設計者の経験に加え，系統的なアプローチが必要となる．「分かる」とは「分ける」に由来するという．システムを構成要素に分けて理解し，それぞれの振舞いがシステム全体にどのような影響を与えるか，その影響の大きさに応じた対策を検討するのがFMEA(故障モード・影響解析，Failure Mode[1] and Effects Analysis)の考え方である．FMEAは1949年発行の米軍規格(MIL-P-1629)[4]に見られる．1950年代にグラマンが，ジェット戦闘機の操縦システムの設計で従来の機械系に加えて電気・電子系を含む複雑な機構となり経験に基づく信頼性評価が難しくなったため体系的なFMEAを展開し，それが信頼性技法として発展してきたといわれる．特に自動車業界でISO/TS 16949コアツールとしてFMEAの実施を納入業者に課したため利用が急速に拡大した．

このように，構造を分解して理解するという方法はハードウェアに限らず製造工程における不具合の未然防止にも応用されてきた．さらにソフトウェアやサービス(医療過誤防止など)分野でも使われるようになっている．FMEAは，デザインレビュー(DR)と組み合わせて大きな成果を挙げてきた一方，形式的になったり，工数対効果が期待を下回ったり課題も多い．本章では特に故障モード抽出，致命度評価を中心に，FMEAの効果的運用について見ていく．

FTA(故障の木解析，Fault Tree Analysis)はシステムとしての重要事象(火災，機能停止などの不具合発生．トップ事象という)を定め，その発生原因を掘り下げて解析する．FTAは1962年，ミサイルの信頼性・安全性解析のためベル研究所で開発された．通常，トップ事象は下位事象の連鎖や組合せで起こ

1) JIS Z 8115：2019では，「Modes」と複数形になった．章末のコラム参照．

る場合が多いので，下位事象の関連を論理記号で樹木図として表す．これ以上細分化しない事象を基本事象といい，その発生確率が推定できればトップ事象の発生確率が論理計算により求めることができる．

FMEA と FTA はそれぞれ，ボトムアップ手法，トップダウン手法といわれ，異なる視点の解析を相補的に行うことにより効果的な運用が期待される．

3.2 虫の目，鳥の目

複雑なものより単純なもの，規模の大きいものより小さいもののほうが理解しやすいことは自明であろう．図 3.1 で，プラントの配管，エンジンの燃料パイプ，消火ホース，血管，水道管を示した．それらの用途，材料，性質などはまったく異なるが，「流体を搬送する」という機能に限ってみれば同等と捉えることができる．やや極論だが，プラントの整備士は心臓の手術はできないが，血管にどのような不具合(故障モード)が起こり得るかは指摘できるだろ

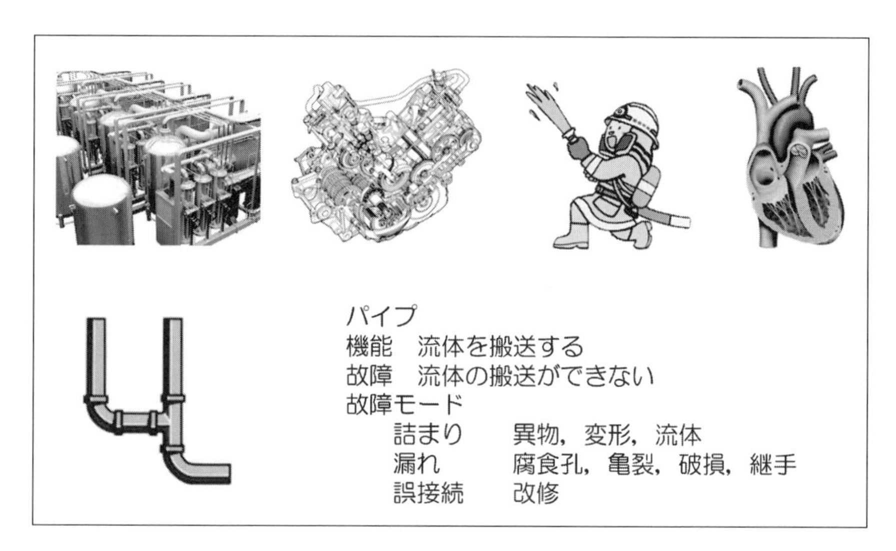

図 3.1　要素に分ける利点

う．FMEAやデザインレビュー(DR)において，専門が異なる多様なメンバー，レビュアーが協調するうえでも，「分割もしくは細分化」は重要である．ちなみに，発明原理を分類したTRIZ[5]でも“原理1”としてあげられており，それ自体が発想(評価・対策)の多様性を促す効果があると考えられる．また，このレベルまで細分化されれば故障モードの共通性があり，「辞書」[6][7]を使った自動化にも有利である．しかし，どこまでも細分化すればよいというわけでない．FMEAの目的は潜在する故障要因に対する評価・対策にあるから，対策可能な単位が基本になる．購入部品など下位のアイテムのFMEAは供給者に委ねることになるので，自らの「FMEA能力」とともに他者のFMEAをレビューする力量もまた必要となる．

対象を細分化して理解を深めるのは必要だが,「木を見て森を見ず」の例えのように，不十分なことも明らかである．物事をよりよく理解するには多面的な視点をもつことが重要であり，虫の目(ボトムアップ)，鳥の目(トップダウン)の視点を合わせもちたい(図3.2)．

FMEA/FTAは，起こり得る故障・不具合を予測し，対策を練るという目

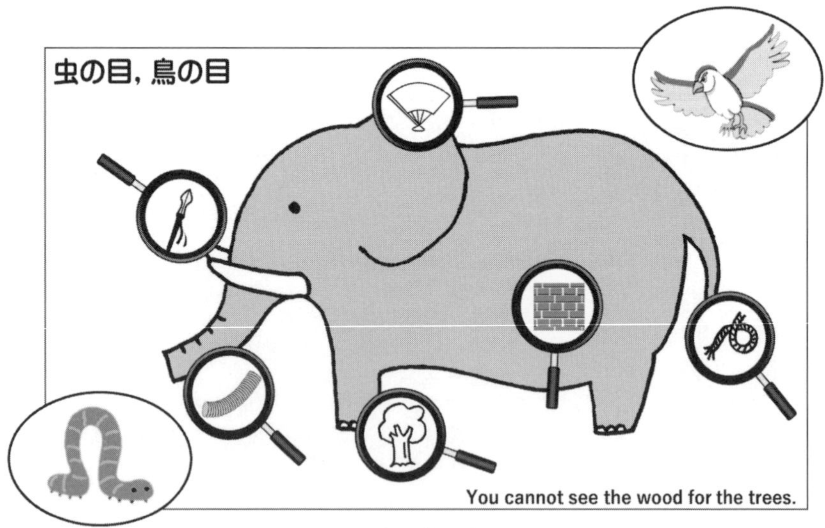

図3.2　虫の目，鳥の目

的のためのツールである．一定の手順はあるが，“こうしなければならない”という決まりはなく，応用力が必要となる．自らのスキルアップ，また後進への伝承のため，原理・原点を押さえておきたい．

3.3 故障モード

「予測できないものは未然防止できない」のであるから，FMEAでは起こりうる故障モードをくまなく(有効に)列挙できるかどうかが鍵となる．しかし，実施してみると，そもそも「それは故障モードなのか」という議論(疑問)が起こることがある．例えば金属の配管が腐食をしてピンホールから水漏れがあったとしよう．この場合，腐食(現象)は故障メカニズムらしい，でも腐食(状態)という故障モードも考えられるし，水漏れは故障モードなのか故障なのか，はたまた影響なのか．このような混乱は，システムの階層構造，視点により故障モードの見え方が変わることに起因することもある(図3.3)[8]．系統的に故障

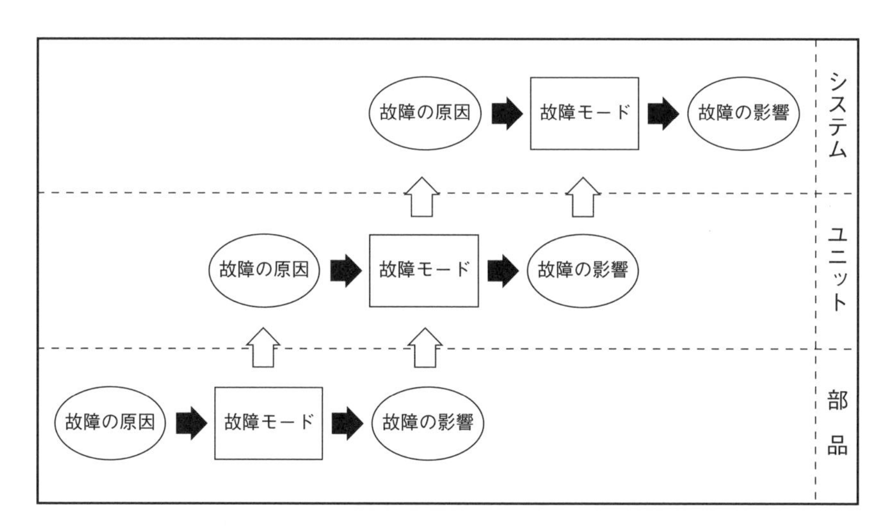

図3.3　故障の原因－故障モード－故障の影響

モードを抽出することは見逃しを低減するため重要であるし，「故障モードであるかどうか」の議論も必要であるが，潜在リスクの評価，アクションに結び付くことがより大切である．そこが入り口になるならどんな気付きも意味がある．過度に定義や分類にこだわらず，それを特定し検討したという事実の積み上げ(記録に残す)が肝要と考えるのがよい．

参考として，JIS では故障モードを「故障が起こる様相」とだけ定義しており，(よくいえば)柔軟性を残している．

JIS Z 8115：2019　192-03-17　故障モード
故障が起こる様相．
注記1　故障モードは，失われた機能又は発生した状態の変化によって定義されることがある．前者の例として，“絶縁劣化”及び“回転不能”が，後者の例として“短絡”及び“折損”がある
注記2　対象によっては故障モードの代わりに“不具合モード”，“損傷モード”，“障害モード”，“欠点モード”などという場合がある
注記3　分野によっては，故障が起こる様相だけではなく，故障の結果の様相を含む場合がある．

とはいえ，故障モードの抽出にあたっては，もう少しシステム的に考えたい．基本的なアプローチとして，信頼性作り込みへの7視点(第1章，図1.3)を要約すると，◇機能と機能達成メカニズムの理解→◇想定される外部・内部ストレスの列挙→◇故障メカニズムの理解→◇故障モードの抽出，という流れになり，これらを四元表で系統的にトラブルを予測しようという試みもある[9]．

目的とする機能は同じでもその達成メカニズムは変化発展する．例えば自動車のステアリング機構では，メカニカルリンクの時代から油圧，電子制御と変わってきたし，身近な例として，炊飯器も炎での加熱から，電熱，電磁加熱(IH)と変化して，想定される故障モードも変わってくる．機能達成メカニズ

ムに応じて，1 次機能→ 2 次機能→…　と分解して，その機能が達成されない場合(故障)を考えることは故障モード抽出のガイドとなる(図 1.5，p.11)．例えば，シェーバーの外刃を考えたとき，「ひげを切る」以外に「肌を保護する」機能を列挙できれば，より多くの故障モードが抽出できる．基本機能に加えて肌とのインターフェースなど，多面な着眼点からの機能展開が必要になる．

低レベル要素(材料，部品，機構)においては，3.2 節で見たように，共通性・汎用性があるので，「ストレス→故障メカニズム→故障モード」の関係を示したデータベース(表 1.4，p.16 など)が参照できる．また，すでに多くの実施事例やメーカが公開している資料から知見を得ることも有用である(表 1.5，p.17 など)．

機能の集積化(機能 IC)，コモディティ化や水平分業化[10]が進むと「分けて理解」することもむずかしくなる．要素がブラックボックス化したり，分けすぎたため見えなくなったりする．高レベル要素については，要素相互の関わり(インターフェース)に着目して正常動作・出力との差分(Failure と見なす)をシミュレート，想定して検討する工夫もされている．

リスクアセスメント手法である HAZOP(Hazard and Operability Study)ガイドワード(表 3.1)[11] やその応用例(表 3.2)[12] も，故障モード，不具合の抽出の参考になる．

表 3.1　HAZOP ガイドワード

No/Not	設計意図が全く実現されない
more	量的増大(最大値を超える)
Less	量的減少過少(最小値を下回る)
As Well As	質的増大(余分な事が起こる)
Partof	質的減少(一部しか起こらない)
Reverse	設計意図と逆 / 反した事が起こる
Other Than	まったく違うもの
Early*	時間が早すぎ
Late*	時間が遅すぎ
Before*	順序が早すぎ
After*	順序が遅すぎ

＊：一括または順次操作に適用

表 3.2　ガイドワードの応用例

<table>
<tr><th colspan="2">着目点</th><th colspan="3">ガイドワード</th></tr>
<tr><td rowspan="11">振舞いそのもの</td><td>有無</td><td colspan="3">まったく〜しない</td></tr>
<tr><td>程度</td><td>強く</td><td colspan="2">弱く</td></tr>
<tr><td>速度</td><td>急いで</td><td colspan="2">ゆっくり</td></tr>
<tr><td>持続時間</td><td>ずっと</td><td colspan="2">短く(一時的に)</td></tr>
<tr><td>範囲</td><td>余分に</td><td colspan="2">不十分に</td></tr>
<tr><td>向き</td><td>反対に</td><td colspan="2">他に</td></tr>
<tr><td>種類</td><td colspan="3">違う</td></tr>
<tr><td rowspan="2">タイミング</td><td>遅く</td><td>早く</td><td>同時に</td></tr>
<tr><td colspan="3">別々に</td></tr>
<tr><td>順序</td><td>前に</td><td>抜かして</td><td>後に</td></tr>
<tr><td>回数</td><td>多く</td><td colspan="2">少なく</td></tr>
<tr><td rowspan="3">振舞いの対象</td><td>対象物</td><td colspan="3">違うものに</td></tr>
<tr><td>対象物の向き</td><td colspan="3">反対に</td></tr>
<tr><td>対象物の量</td><td>多く</td><td>少なく</td><td>なし</td></tr>
</table>

故障モードの抽出において見落としを減らすには，

- 対象の構造，機能分析
- ストレス→故障メカニズムとのセットで見る
- 過去の経験や知見，データベースの利用
- ガイドワードを使った連想

などが有効であるが，固有技術および経験(特に市場での不具合情報)を蓄積することが，効果的なFMEA実施のうえで不可欠であることはいうまでもない．

3.4 致命度，RPN，AP，RI

FMEAでは記述に加えて，故障モードごとに対策立案の優先度を数値化して判断材料を供している．MIL-STD-1629A(1998年廃止)では，故障の結果と発生頻度による相対的な指標を致命度と呼び，厳しさ(Severity)と発生確

率(Probability of Occurrence)とのマトリックスを用いた致命度解析(CA：Criticality Analysis)と組み合わせてFMEA + CA → FMECAとした．厳しさ(S)と頻度(O)を用いた指標は，リスクアセスメントのために用いられる手法であるR-Map[13] でも応用されている．

自動車工業の分野で使用されているIATF 2)16949(ISO/TS 16949)では，この他に故障の検出困難性(D：Detection)を評価する．例えば，工程異常の発見が遅れれば不良品を作り続けてコスト損失が増大するから，発見しにくい故障はリスクが高いと判断する．それぞれの項目を10段階(1 ～ 10)で評価してRPN = S×O×Dが大きい故障モードはより対策が必要と考える．RPN：Risk Priority Number(リスク優先数)．当初はRPN ＞閾値に対してすべて対策が必要とガイドされていたが実情に合わず，RPN ＞ 30，S ＞ 6，またはD ＞ 5 & O ＞ 3などと改定された．さらにAIAG-VDA FMEAハンドブック(2019年)3)では，RPNに替えてAP(Action Priority：対策優先度)が導入された．S，O，Dをそれぞれ10段階で評価するのは同じだが，組合せ表によりH・M・Lの3段階に分類される．例えば，(9，4，2)→ H，(9，3，4)→ L　など．細かく査定をするが結局は対策優先度：High・Medium・Lowという大まかな区分になる．何か対策を実施した場合RPNではその値の減少として捉えられるが，APは変わらないこともあり得る．APはリスクの大小でなくリスク軽減対策の必要性の大小を表すとされている[14]．

「4点法」[15] ではリスクの大小でなく対策の十分性を評価する．故障モードに対して最悪の事態(S)を考慮して，(a)影響の回避・軽減対策，(b)発生対策，(c)発生検知対策　を4 = 不可，3 = 不満，2 = 合格，1 = ほぼ完全の4段階で査定する．リスクインデックス $RI = \sqrt[3]{abc}$ の値が，1.0 ～ 1.6(合格，または過剰)，2.0(合格，適正)，2.3(保留，Sにより合否も)，2.5 ～ 4.0(不合格)と

2)　IATF(International Automotive Task Force：国際自動車産業特別委員会)
3)　AIAG-VDA(Automotive Industry Action Group：全米自動車産業協会，Verband der Automobilindustry e.V.：ドイツ自動車工業会)がそれぞれのFMEA規格を改定，統一ハンドブックを発行した．

いう目安が与えられている．

FMEAの目的は信頼性の向上であるから，列挙された故障モードはすべて対策の対象である，という考え方もある．効果は小さくても実施が容易ならば取り入れてもよいだろうし，現状是認にしても「検討した」という実績を残すことは意義がある．APの考え方も，H：防止処置／検出管理もしくは現状是認の場合は決済文書が必須(must)，M：防止処置／検出管理もしくは(会社の裁量として)現状是認の場合は決済文書を推奨(should)，L：防止処置／検出管理をすることができる(could)と単純化されており[16]，合理的である．

3.5

FMEAのフレームワーク

FMEA学習の第一歩(セミナーなど)では，シェーバーやトースターのような誰でも知っていそうな対象を選び，故障モードなどの基本理解をした後，用意されたFMEAフォームの記入，疑似対策を検討して修了となる．これは必要なことではあるが，実場面を考えればFMEAの一部に過ぎない．

FMEAの基本手順を，参考のため，AIAG-VDA FMEAハンドブックによる7ステップと対比して示す(図3.4)．AIAG-VDAでは，2019の改定でそれまでの5ステップに①計画と準備と⑦結果の文書化が追加され，よりマネジメント要素が重視されたといえる．プロジェクト開始時に，FMEAの意図(inTent)，タイミング(Timing)，チーム(Team)，タスク(Task)，ツール(Tool)の5Tを決定するよう推奨している．そのうえで，対象の構造・機能を十分に分析してベストなFMEAを実施する．必要な対策もきちんとフォローし，情報を共有する手立てをとる．FMEA本体とともに，入口・出口も確実に押さえることが重要である．人智を尽くしても見逃し(想定外)は発生するだろうがそれは“ムダ”ではなく，次に生かすことが“未然防止”である．準備→実施→フォローアップ，さらに仕組みの改善のサイクルを，製品・サービスを提供する限り継続することが成果につながる．「言うは易く行うは難し」で

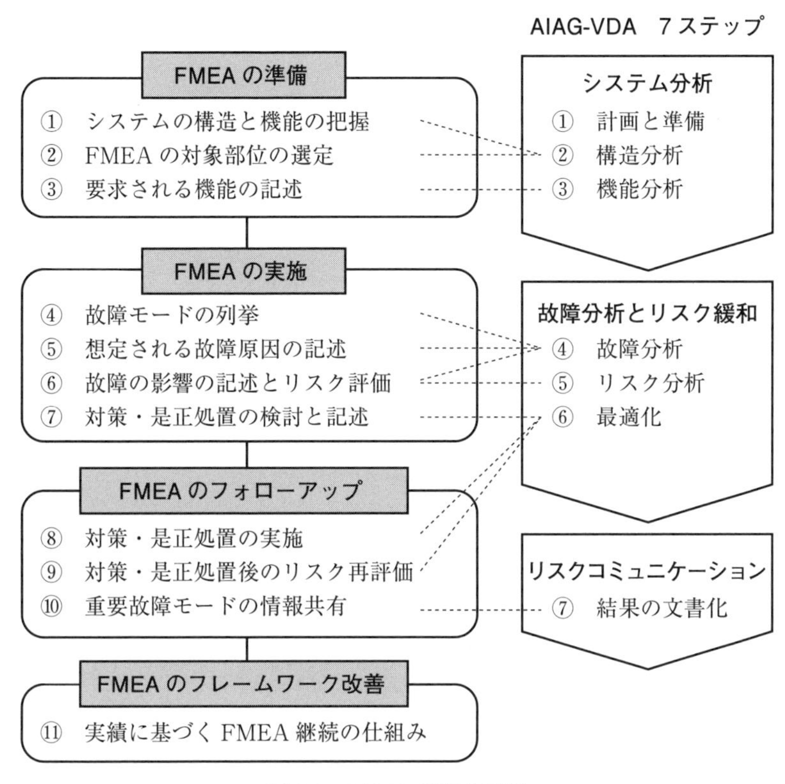

図 3.4 FMEA の基本手順

はあるが．

本書では FMEA の基本を習得されている読者を対象に，よくある質問を取り上げた．「対象を構造的・機能的に分解し，各要素について起こり得る故障・不具合を想定し，原因・影響・評価・対策を表形式で表す」というシンプルな原理・手順により，ハードウェアの設計・工程からソフトウェアやサービス分野まで広く応用されている．それだけに，適用形態は 1 つでなく，DRBFM(Design Review Based on Failure Mode)[17] や三要素 FMEA など種々の工夫がされている．要求事項として規格化された FMEA もあるが，出版物やシンポジウムなどで公表された成功事例に学ぶとよい．近年，システムの規模の拡大や IoT が加速する中で，よりシステム指向の解析が求められ，ひとつの方向としてシステム理論に基づいてハイレベルの機能単位でハザード要因を検討する手法STAMP/STPA(Systems-Theoretic Accident Model and Processes/Systems-Theoretic Process Analysis)[18]が提唱されている．

3.6 『新FMEA技法』

本叢書シリーズ既刊『新FMEA技法』について，内容の一部を紹介しておく．章立ては次のとおりであり，(　)内は主な項目である．

第1章　信頼性・安全性と未然防止技術
第2章　FMEAの概要(沿革，分類：3.6.1項を参照)
第3章　FMEAの進め方(実施手順，故障モード抽出)
第4章　FMEAの実際(FMEA表の記入，適用事例)
第5章　FMEAのデータベース化(FMEA辞書)
第6章　FMEAの実践(複写機事例，機能展開ステップ)
第7章　三要素FMEAによる信頼性・安全性解析(3.6.2項を参照)
第8章　環境安全FMEA(環境ハザードと環境危害)
第9章　FMEAのフロンティア(医療FMEA，ソフトウェアFMEA)

3.6.1　FMEAの分類

ハードウェア製品の設計(D-FMEA)および製造工程(P-FMEA)から始まったFMEAだが，ソフトウェア，医療サービス，環境にまで適用分野が広がっている．主なものを図3.5に示す(『新FMEA技法』p.29から引用)．

3.6.2　三要素FMEA

三要素FMEAは，国内規格のJIS C 5750-4-3「FMEAの手順」[19]の附属書JAに詳しく紹介されている．また，国際規格のIEC 60812 Ed.3 “Failure Modes

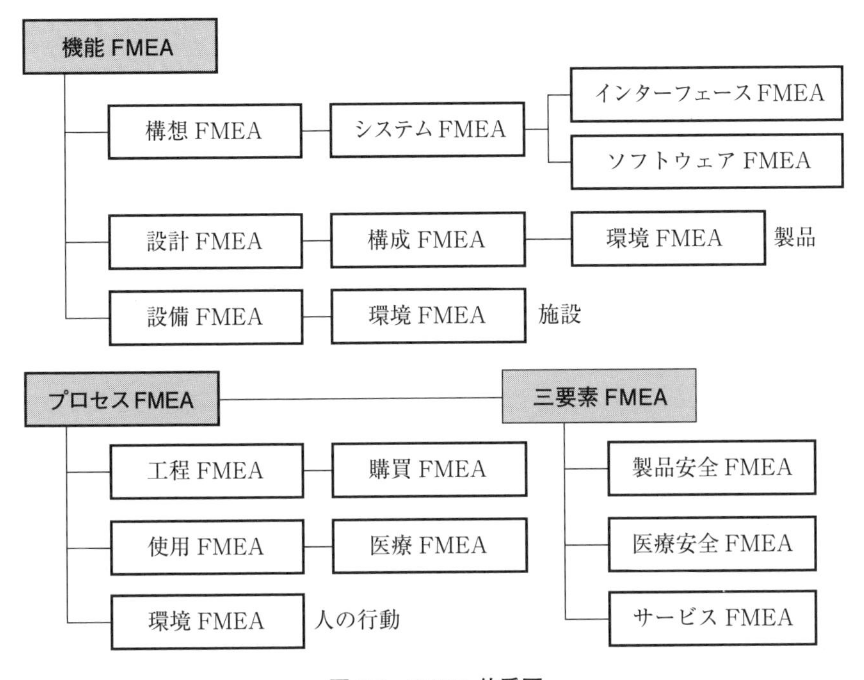

図 3.5　FMEA 体系図

and Effects Analysis (FMEA and FMECA)"[20] にも，Annex F.10 "FMEA including human factors analysis" において三要素 FMEA が紹介された．

三要素 FMEA は逸脱的環境のもとで，人—装置系で生じる望ましくない単一事象および複合事象を解析することができる．ここで，"装置" とは，製品の種々のレベル(例えばデバイス，ユニット，装置，機器など)の総称であり，また，"人" とは，"装置" の使用者や使用の際にその近辺にいる関係者(例えば同僚，家族など)の総称である．"人—装置系" は，人と装置が形成する使用空間において任務を遂行するシステムのことである．人—装置系に顕在または潜在する危険の要因は装置の動作空間，人の行動空間，および両者の境界面で生じ，その危険の度合いはこの系を取り巻く使用空間の環境条件に影響される．

それゆえ，三要素 FMEA は，在来の FMEA では解析できない複合故障[4]の解析が可能である．また，装置の動作や人の行動を取り上げるため，プロセス FMEA の拡張と見なすことができる(図 3.5). 信頼性問題のみならず, 安全性問題や環境保全問題など, 多方面でのトラブル未然防止に適用可能である.

(1)　三要素FMEAの種類

三要素 FMEA として実用されているのは, 次の 3 種類である.

①　人・環境・装置の三要素 FMEA

基本となる標準の三要素 FMEA であり, 携帯電話, パソコン, 乗用車, 工具などの市場型製品とその使用者とのインターフェースで生じるトラブルの未然防止を図る目的で用いることができる. 一般に, 市場型製品は携帯または可搬されるため, 多様な環境のもとで使用されることが多い. 特に, 使用者側には, 人特有の生理的・心理的環境要因も加わる. 工場でのはんだ付けや組み立て, 薬局での調剤, 飲食店の調理や配膳などの作業の解析例がある. 製造業, 医療, 教育などの分野での製品や設備を取り扱う作業やサービスに適用可能である.

②　人・環境・人の三要素 FMEA

標準の三要素 FMEA において,「装置」の部分を「人」に置き代えたもので, 人から人へ行われる作業やサービスについてのトラブルを未然に防止する目的で用いる. 例えば, 接客サービスにおいて, 店員と顧客の間の勘違いや行き違いなどによるトラブルの根本原因を事前に洗い出して, 実際の活動時に生じないようにしたり, 生じた場合でも最良の対応を行うのに有効である. 病院での患者とり違え防止, ファミレスや結婚式場の接客マニュアルの見直しなどについての解析例がある. 接客業, 医療, 教育などのサービス分野への適用が可能である.

③　装置・環境・装置の三要素 FMEA

「人」の部分を「装置」に置き換えればよいが, この場合は人的エラーの解

---

4)　JIS Z 8115：2019 では, 複合故障(combined failure)(192J-03-104)は,「二つ以上の故障原因の組合せによって生じるアイテムの故障」と定義される. 在来の FMEA では単一故障モードの解析のみのため, 複合故障モードの解析には FTA を用いる手順がとられてきた.

析がなくなるため，後述する略式三要素 FMEA 表の様式のみが利用できる．特筆すべきは，プロセス(工程)FMEA のみならず，機能(設計)FMEA の拡張としても利用できることである．

多くの場合，機能(設計)FMEA では，装置は運用場所に固定されるため，「環境」要素は前面に出ず，故障原因の解析で触れる程度である．しかし，装置・環境・装置の三要素 FMEA では標準として環境面の影響解析を実施する．高温や高湿などの逸脱的環境の下で，複数の装置間や，1 つの装置内の複数の構成要素間で互いに影響し合って故障を起こす複合故障モードの解析が可能になる．例えば，拡張版の機能(設計)FMEA を用いて，スマートフォンのような多数の部品から構成されるポータブル機器の単一故障や複合故障の未然防止に利用できる．今後，AI 内蔵のウェアラブル装置の増加が見込まれることから，このタイプの三要素 FMEA の適用が拡大することが期待される．

(2) 三要素FMEA 表の様式

標準形の三要素 FMEA 表は，表 3.3 に見出し部を示すが，構造として左端部，中央部，右端部の 3 つに分かれる．左端部は，逸脱的使用環境下で発生しそうな潜在的危険要因を抽出する原因系の解析部で，人のエラーモード，装置の故障モード，およびモード間の相互作用を洗い出す．右端部は，原因系によって生じ得る人—装置系への影響(危害)を論理的に分析し，そのリスクを評価する結果系の解析部である．中央に差し込まれた T 型マトリックスは認知心理学的方法や信頼性データベース(事故データベース)などを利用して人のエラー行為の洗い出しおよびその原因探索を行う部分である．装置の故障モードに比べ，人のエラーモードの系統的な抽出がむずかしいという背景があり加えられたものである．

次に，標準形三要素 FMEA 表から人のエラー分析を行う中央の T 型マトリックス部を省いた様式を略式三要素 FMEA 表という．十分経験をもっているので，人のエラー分析の部分はいらないという要望で作成した様式[5)]で，在来のプロセス(工程)FMEA 表を拡張した FMEA 表と見なすことができる．略

表3.3 標準形の人・環境・装置の三要素FMEA表の見出し

意識フェーズ	注意力(エラー率)	人のエラー解析部	事故・トラブルデータベース(事例)
I：単調作業，疲労時	非活性(0.1以上)		
II：定例作業，休息時	受動的，消極的(0.01～0.00001)		
III：積極活動時	能動的，積極的(0.000001以下)		
IV：あわて，パニック	判断停止(0.1以上)		

操作フロー	要素作業	作業環境	装置の故障モード	モード間の関係	人のエラーモード	人の区分	人のエラー見出し語															影響の厳しさ			発生頻度評価			厳しさ評点			リスク評点			対策区分	対策是正処置	対策後のリスク評価
							受容			判断				行動																						
							見えにくい／聞きにくい	見る／聞くことが違う	追従できず	理解なし	理解不足	理解が遅い	誤って理解する	行わない	忘れる	不十分に行う(抜け)	過度に行う(余分)	遅すぎる	早すぎる	違うことをする	順序が違う	装置	人	システム	装置	人	システム	装置	人	システム	装置	人	システム			

式人・環境・装置の三要素FMEA表は，表3.4に見出しを示す「人間・機械系作業FMEAワークシート」として利用されている．

三要素FMEA表の作成手順は文献[2]および[19]を参照願うこととし，割愛する．ただ，表3.4にはFMEA表の記入で特に留意する点を説明してある．三要素FMEAの特徴の一つである複合トラブルモードが関係して人—装置系に危害をもたらす場合のリスク(致命度)の算定は，次のように行われる．三要素FMEAでも，通常のFMEAと同様に，発生頻度(出現度)と厳しさ(影響度)の格付けをし，評点を課してリスクを算定する方法をとる．人—装置系における発生頻度の総合評価では，トラブルモード(故障モード，人的エラーモードなど)間の関係として，論理和(＋)，論理積(・)，順序化論理積(→，←，↑，↓)および排他的論理和(⊕)を取り上げる．算定方法を表3.4に示す．厳しさの総合評価は複合するトラブルモードのそれぞれの厳しさ評点の総和になる．リスクの総合評価評点は発生頻度と厳しさの総合評点の積として求める．

5) T型マトリックス部を独立させて「人的エラー解析ワークシート」が作られており，必要に応じて用いるようにしてある．

表 3.4　略式 人・環境・装置の三要素 FMEA の見出しと記入の説明

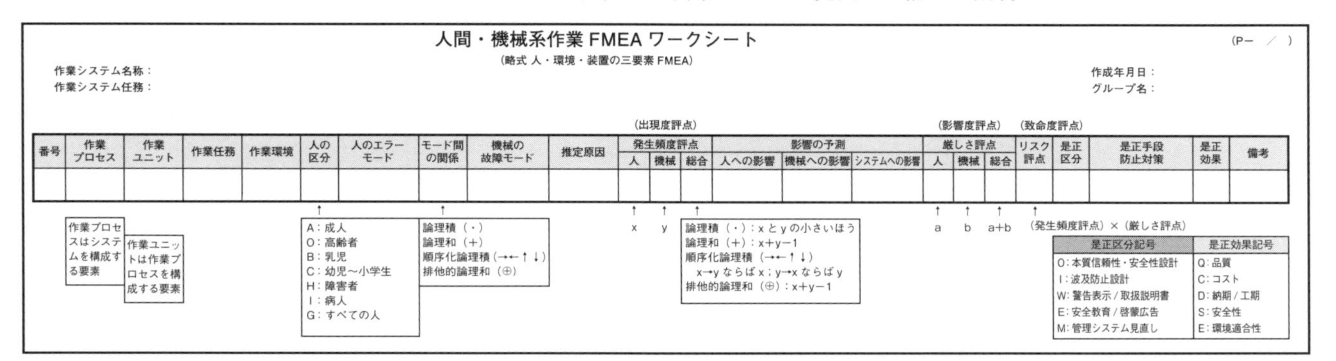

人間・機械系作業 FMEA ワークシート

(略式 人・環境・装置の三要素 FMEA)

(P－　／　)

作業システム名称：
作業システム任務：

作成年月日：
グループ名：

番号	作業プロセス	作業ユニット	作業任務	作業環境	人の区分	人のエラーモード	モード間の関係	機械の故障モード	推定原因	発生頻度評点 (出現度評点)			影響の予測			厳しさ評点 (影響度評点)			リスク評点 (致命度評点)	是正区分	是正手段 防止対策	是正効果	備考
										人	機械	総合	人への影響	機械への影響	システムへの影響	人	機械	総合					
					↑		↑			↑ x	↑ y	↑				↑ a	↑ b	↑ a+b	↑ (発生頻度評点)×(厳しさ評点)				

作業プロセスはシステムを構成する要素

作業ユニットは作業プロセスを構成する要素

A：成人
O：高齢者
B：乳児
C：幼児～小学生
H：障害者
I：病人
G：すべての人

論理積（・）
論理和（＋）
順序化論理積（→←↑↓）
排他的論理和（⊕）

論理積（・）：x と y の小さいほう
論理和（＋）：x+y−1
順序化論理積（→←↑↓）
x→y ならば x；y→x ならば y
排他的論理和（⊕）：x+y−1

是正区分記号	是正効果記号
O：本質信頼性・安全性設計	Q：品質
I：波及防止設計	C：コスト
W：警告表示／取扱説明書	D：納期／工期
E：安全教育／啓蒙広告	S：安全性
M：管理システム見直し	E：環境適合性

表 3.5　複合故障モードの解析を可能にした機能（設計）FMEA ワークシートと記入の説明

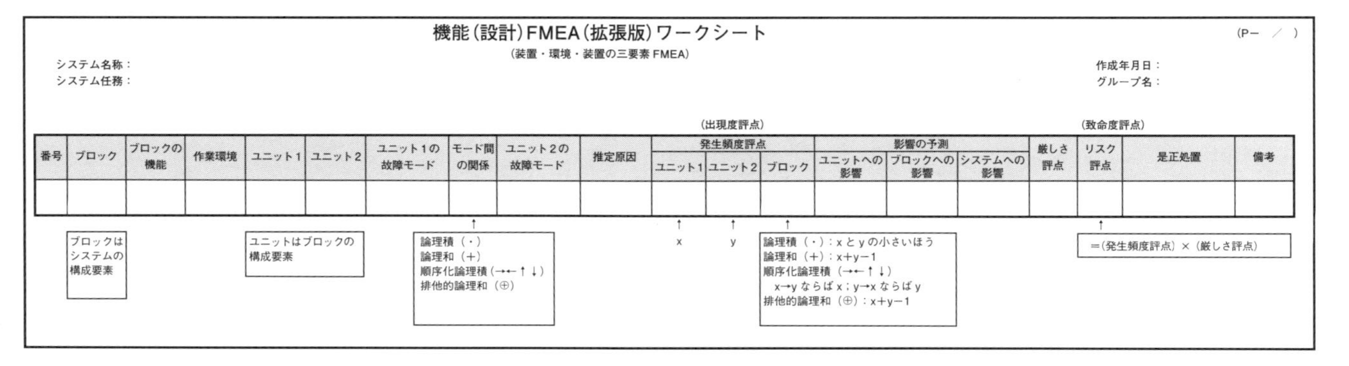

機能（設計）FMEA（拡張版）ワークシート

(装置・環境・装置の三要素 FMEA)

(P－　／　)

システム名称：
システム任務：

作成年月日：
グループ名：

番号	ブロック	ブロックの機能	作業環境	ユニット1	ユニット2	ユニット1の故障モード	モード間の関係	ユニット2の故障モード	推定原因	発生頻度評点 (出現度評点)			影響の予測			厳しさ評点	リスク評点 (致命度評点)	是正処置	備考
										ユニット1	ユニット2	ブロック	ユニットへの影響	ブロックへの影響	システムへの影響				
							↑			↑ x	↑ y	↑					↑ =(発生頻度評点)×(厳しさ評点)		

ブロックはシステムの構成要素

ユニットはブロックの構成要素

論理積（・）
論理和（＋）
順序化論理積（→←↑↓）
排他的論理和（⊕）

論理積（・）：x と y の小さいほう
論理和（＋）：x+y−1
順序化論理積（→←↑↓）
x→y ならば x；y→x ならば y
排他的論理和（⊕）：x+y−1

表3.4を機能(設計)FMEA向けに調整したFMEA表の見出しが表3.5である．このFMEA表は同じ装置内の構成要素間の複合故障モードを解析できるように拡張した機能(設計)FMEA表である．

なお，紙数の都合で，三要素FMEAの実用例は割愛するが，興味のある方は『新FMEA技法』[2]の第7章を参照いただきたい．

3.7 FTA(Fault Tree Analysis：故障の木解析)

FT図を作成すること自体はそれほどむずかしくない．しかし，どの事象から対策を講じたらよいか重要度の考え方も1つではない．要素の相互関係に着目した構造重要度，各事象の発生確率がトップ事象への影響を考える確率重要度があり，それらは一致しないこともある[21]．システム構造として，ある事象(構成要素の故障)が発生すると，それがそのままトップ事象(システム障害)となるような事象を単一障害点(single point of failure)と呼び，銀行オンラインシステムのような重要なシステムでは単一障害点の排除が重要となる．また，事象の発生確率が高いものを低減するか，低いものをより低くするか，方策の実現性，有効性をふまえて検討されなければならない．加えて，最小カット集合，反復事象の縮約化，ブール代数など数学のセンスも必要で敷居が高く感じられよう．専用のソフトを利用するのが便利であるがFMEAに比べてFTA普及のハードルを上げているかもしれない．

品質管理の分野で多用されている「なぜなぜ分析」は，トラブルが起こったとき，その原因を5階層掘り下げて真の原因(根本原因，Root Cause)を探るというものだ．5回というのは，そのくらいやらないと真の再発防止ができない，という経験則だろう．「なぜなぜ分析」は，

- 不具合発生の事後，「証拠」を基に解決を探さなくてはならないプレッシャーと動機が明確
- 初期の文献[22]に見られるように，直線的に根本原因を掘り下げるので見

通しがよい

- 今日ではExcelなど汎用ツールで実施できる

などが普及の理由と思われる．FTAも原因の掘り下げという面では同じである．論理記号や専用ソフトを使わずにExcelを用いた簡易FTA[6]により，適用の容易化を試みた．

3.8

Excel_FTA

実施参考例を示すのがよいだろう．建物火災をトップ事象とするFTA例[23]をExcelで作図した(図3.6)．事象の区別は，基本事象(確率を数値で与える，または対策がとれる)と上位事象(確率は計算式で与えられる，トップ事象も含む)を規定する(さらに細分が必要な場合はセルの色などで区分するとよい)．論理ゲートはOR(＋)とAND(×)で十分な場合が多い．ANDゲートでは各要素の積をとり，ORゲートでは簡易法(近似)として各要素の和とする．ただし，下位事象で0.01より大きいペアがあればその積を減算するとよい(例：A＝0.03，B＝0.02，C＝0.001のとき，{A+B+C－AB}＝0.03＋0.02＋0.001－0.0006＝0.0504)．独立でない事象，例えば，図3.6で「ガソリン誤給油」と「変質灯油」は背反(同時発生しない)なので共通部分を引く必要はない．上位事象の確率を数式で与えるので事象を考慮した任意の論理ゲートも作成可能である．

図3.6では確率を指数表記している．トップ事象は1.38E－07(1.38×10^{-7})と算出される．油漏れしにくい口金(原資料を参照)を採用することで灯油の漏れを1/100にできればトップ事象を6.41E－08(下段数値)に改善できることが一瞬で計算されるなど，いろいろなシミュレーションができる．また，『新FTA技法』[3] pp.108-109に見るように，すべての最下位事象の確率を0.5とおき，

6) テンプレートを使用してExcelで従来のFTA図を描画するのではなく，「なぜなぜ分析」に論理ゲートを付加したイメージである

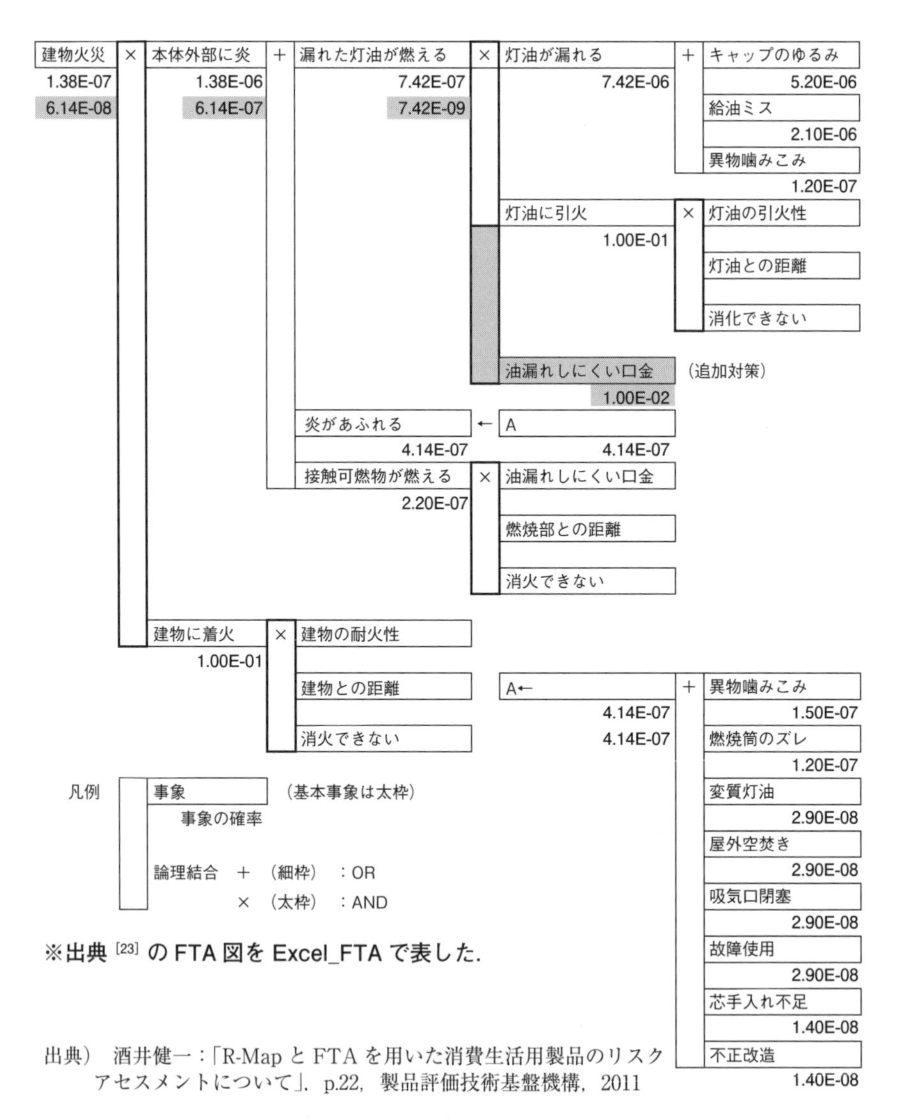

図3.6　不注意が原因の石油ストーブ火災事故のFTA(抜粋)

着目する事象の確率を1または0としたときのトップ事象の確率の差をとれば当該事象の構造重要度が求まる(この場合，ORゲートでは簡易計算ではなく共通部分を考慮した式を用いることに留意する).

Excel なので，用紙の大きさに実質制限がなく，ブロックの移動・コピーや行・列の挿入も容易で，必要な部分から書き足していけるのが便利である．見やすい Excel_FTA を作成するため次のようにするとよい．

- 罫線を利用するためセル B2 にトップ事象をおく．また，事象の表記は偶数行・偶数列とし，奇数行には事象の発生確率または計算式，奇数列には論理ゲートを配置する
- セルの結合は行わない
- トップ事象，下位事象を記入する．ゲート演算子(＋，×)は全角文字

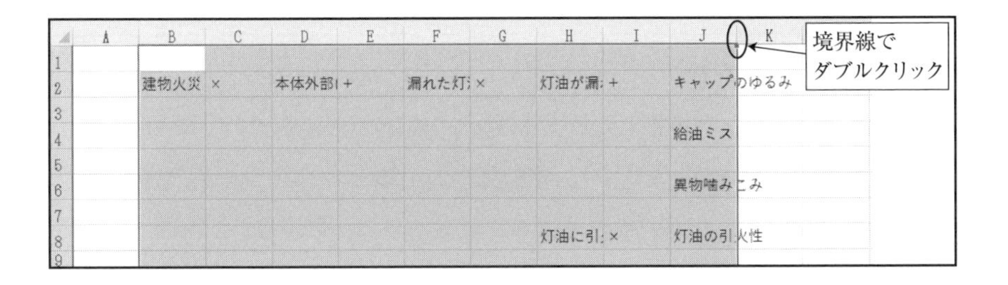

- 該当列を選択し，右端の境界線をダブルクリック(列幅の自動設定)
- 事象名が長い場合は，セルの書式設定→折り返して全体を表示 にする
- 事象のセルに枠を付ける．確率を与える事象(基本事象，非展開事象)および，AND ゲート(×)は太枠とする

	A	B	C	D	E	F	G	H	I	J	K
1											
2		建物火災	×	本体外部に炎	＋	漏れた灯油が燃える	×	灯油が漏れる	＋	キャップのゆるみ	
3											
4										給油ミス	
5											
6										異物噛みこみ	
7											
8								灯油に引火	×	灯油の引火性	
9											

- 基本事象の発生確率を記入(重出する事象の場合は，どれか 1 つに確率を

	A	B	C	D	E	F	G	H	I	J	K
1											
2		建物火災	×	本体外部に炎	+	漏れた灯油が燃える	×	灯油が漏れる	+	キャップのゆるみ	
3		=D3*D5		=J3+J5+J7		=H3*H9		=F3+F10+F19		5.20E-06	
4										給油ミス	
5										2.10E-06	
6										異物噛みこみ	
7										1.20E-07	
8								灯油に引火	×	灯油の引火性	
9											

与え，他は数式で同値とする)，上位事象の発生確率を計算式で記入

- 移行ゲートは図 3.6 のようにダミー事象記号と「←」で表す

> ブロック移動の方法(Excel 使用のヒント)：移動元の左上のセルをクリック，シフトキーを押しながら移動元の右下のセルをクリック(移動範囲の選択)，Ctrl + X(カット)，移動先の右上のセルをクリック(移動元と重なってもよい)，Ctrl+V(ペースト)

3.9

『新 FTA 技法』

本叢書シリーズ既刊『新 FTA 技法』について内容の一部を紹介しておく．章立ては次のとおりであり，(　)内は主な項目である．

第 1 章　信頼性・安全性と根本原因分析(RCA)
第 2 章　システム信頼性(信頼性ブロック図)
第 3 章　FTA の概要(FT 図，事象，論理ゲート)
第 4 章　FTA の実施手順(実施の 15 ステップ)
第 5 章　ETA の概要(3.9.1 項を参照)
第 6 章　未然防止技法の相互活用とその効用(FMEA との連携)
第 7 章　FTA・ETA の活用事例(複写機設計，鉄道，逆 ETA)

第8章　動的FTA[7]の概要(PANDゲート，SPゲート，FDEPゲート)

3.9.1　ETA(Event Tree Analysis，事象の木解析)

ETAは，事象の連鎖を樹木図に表して解析する．原子力発電所の安全研究[24]において，膨大なFTAの結果を整理，わかりやすく表現するツールとしてETAが開発された．今日では広範囲な分野での安全性評価などに応用されている．「大事故は些細なことから始まる[25]」といわれるように，潜在原因→兆候→発端発生→見過ごし→影響拡大→重大事故のような連鎖があり，その鎖を途中で断ち切ることができれば重大事故も防ぐことができる．図3.7はごみが自然発火し火災にいたる事象を表すET図の例である(『新FTA技法』p.136から引用)．起因事象の発生確率，各分岐(上側：成功，下側：失敗)の割合が推定できれば結果に至る確率を求めることができる．何か対策をしたとき(例えば，火災初期検知失敗を半減)，全体でどの程度被害を減らせるか定量的に評価できる．

ETAでは［初期事象→最終事象］の方向で解析を進めるが，(FTAと同じ

起因事象	軽減要因			結果
ゴミの自然発火	火災初期検知	応急消火	本格消火	

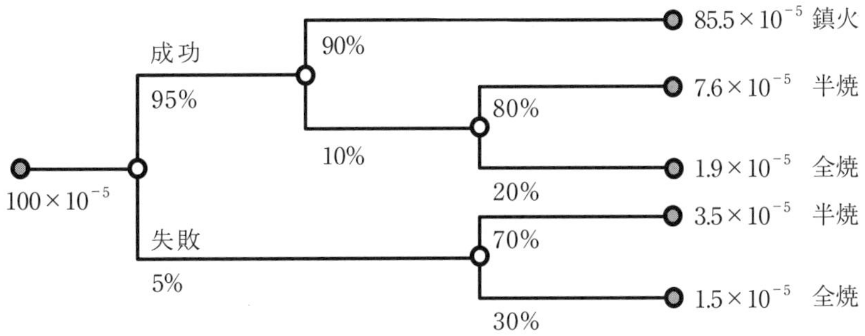

100×10^{-5}
成功 95%
失敗 5%
90%
10%
80%
20%
70%
30%
85.5×10^{-5} 鎮火
7.6×10^{-5} 半焼
1.9×10^{-5} 全焼
3.5×10^{-5} 半焼
1.5×10^{-5} 全焼

図3.7　ゴミの自然発火への対応のET図

7)　事象の発生が独立でなく，関連や順序性をもつことがある．通常はマルコフ連鎖やシミュレーションなどで解析されるが，P(優先)ANDゲートなどを使った動的FTAが提案されている．

ように)[初期事象←最終事象] の方向での解析も考えられ，逆ETA[26]と呼ぶ.

応用として，ある故障モードに着目したとき，上位方向への影響解析(ETA)および下位方向への要因解析(逆ETA)を組み合わせたFMETA(Failure Mode and Event Trees Analysis)が提案されている(図3.8).

図3.8 FMETA

コラム

単数，複数？

日本語では名詞の単複はないのであまり気にしないが，Failure Mode and Effects Analysisと，Modeは単数形，Effectsは複数形になっている．初期のMIL規格で提示された様式では，各故障モード項目に対して，影響はLocal Effects，Next higher level，End Effectsの3項目であることに由来すると聞いたことがある．なるほど，狩猟民族(英語)は獲物の鹿が1頭か2頭か大違いだが，農耕民族(日本語)は米の1粒2粒は単数・複数の差を気にしないのだろう，と一人合点した．ところが，英語でも鹿(deer)は単複同形と聞き…？ ※♪◎〒！∞

＊複数形をdeersとする文例もあるようだが，単複同形が一般的.

＊＊国際標準IEC 60050-192：2015では，「Modes」と複数形が用いられ，JIS Z 8115：2019もこれに準拠した(なお，日本語訳は「モーズ」ではなく「モード」である)．しかし，業界でも統一されておらず，単にFMEAとだけ記している向きもある．本書では，国内で多用されているMIL表記に従い「Mode」とした．不毛な議論は避けたいが，温故知新もよい.

【第3章の演習問題】

[問題 3.1] 「FMEA 辞書」[6] では，製品機能の着眼点としてア～オを指摘している．車の場合，「エンジンを冷やす」という機能はどれにあたるか．

ア．基本機能　　イ．付加機能　　ウ．本体機能　　エ．弊害防止機能

オ．自己防衛機能

[問題 3.2] FMEA で RPN(リスク優先数)を表す式はどれか．ただし，S(厳しさ)，O(頻度)，D(検出困難性)，Q(該当台数)，L(コスト損失)をそれぞれ表す指数(例えば 10 段階評価)とする．

ア．S×O×Q　　イ．S×O×D　　ウ．S×Q×D　　エ．S×O×L

オ．S×Q×L

[問題 3.3] 入力 a，b，c のうち，少なくとも 2 つ以上の入力を要求するゲート出力を表す式はどれか．ただし，a，b，c は互いに独立事象とする(右図を参照)．

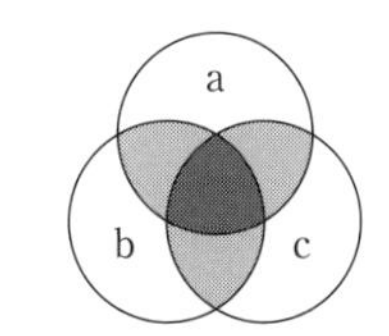

ア．a + b + c　　イ．a + b + c − ab − ac − bc + abc

ウ．abc　　エ．ab + ac + bc − 2abc　　オ．a + b + c − abc

第3章の参考文献

［1］ 信頼性技術叢書編集委員会監修，鈴木和幸編著，CARE 研究会著：『信頼性七つ道具 R7』，日科技連出版社，2008 年．

［2］ 信頼性技術叢書編集委員会監修，益田昭彦，高橋正弘，本田陽広著：『新 FMEA 技法』，日科技連出版社，2012 年．

［3］ 信頼性技術叢書編集委員会監修，益田昭彦，青木茂弘，幸田武久，高橋正弘，中村雅文，和田浩著：『新 FTA 技法』，日科技連出版社，2013 年．

［4］ http：//everyspec.com/MIL-STD/MIL-STD-1600-1699/MIL_STD_1629A_1556/

［5］ https://ja.wikipedia.org/wiki/TRIZ など

［6］ 本田陽広：『FMEA 辞書』，日本規格協会，2011 年．

［7］ 鈴木和幸：『未然防止の原理とそのシステム』，pp.206-217，日科技連出版社，2004 年．

［8］ 高橋明：「故障モードに着目した未然防止へ向けての一考察」，電気通信大学大学院情報システム学研究科平成 21 年度修士論文，2010 年．

［9］　山﨑雄大ほか：「トラブル予測表を用いた故障モード予測手法と信頼性・安全性の作り込み評価指標の提案」，『信頼性』，Vol.38，No.4，2016年.
https://www.jstage.jst.go.jp/article/reajshinrai/38/4/38_271/_pdf
［10］　http://www.shippai.org/fkd/cf/CA0000624.html　事例など
［11］　https://en.wikipedia.org/wiki/Hazard_and_operability_study など
［12］　河野哲也：「ソフトウェア要求仕様における HAZOP を応用したリスク項目設計法」，ソフトウェアテストシンポジウム，2012年.
［13］　村上直樹：「製品開発に有効なリスクアセスメント用 R-Map の活用」，NTT，2015. https://www.ntt-fsoken.co.jp/research/pdf/2015_09.pdf
［14］　畑澤馨：「VDA 規格を中心とした世界の自動車部品産業界の動向とその対応」，2019年.
https://www.chusanren.or.jp/consultation/pdf/2019iso1.pdf
［15］　https://gloomy-ktqm-labo.ssl-lolipop.jp/reliability/fmea/index.html
［16］　https://www.industryforum.co.uk/wp-content/uploads/sites/6/2018/11/20181120_SMMT-AQMS-FMEA-Alignment-AIAG-and-VDA_en.pdf など
［17］　吉村達彦：『トヨタ式未然防止手法』，日科技連出版社，2002年.
［18］　STAMP ガイドブック
https：//www.ipa.go.jp/files/000072491.pdf など
［19］　JIS C 5750-4-3：2011「故障モード・影響解析（FMEA）の手順」.
［20］　IEC 60812：2018 Ed.3 Failure modes and effects analysis（FMEA and FMECA）.
［21］　田村信幸：「システムの信頼性解析法」，電子情報通信学会，2010年.
http://www.ieice-hbkb.org/files/01/01gun_12hen_02.pdf
［22］　大野耐一：『トヨタ生産方式』，ダイアモンド社，1978年.
［23］　酒井健一：「R-Map と FTA を用いた消費生活用製品のリスクアセスメントについて」，製品評価技術基盤機構，2011年.
https://www.nite.go.jp/data/000005682.pdf　スライド p.22
［24］　U.S.NRC：「Reactor Safety Study：An Assessment of Accident Risks in U.S. Commercial Nuclear Power Plants（WASH-1400）」，1975年.
［25］　中尾政之：『失敗百選』，森北出版，2005年.
［26］　和田 浩：「逆FTA法の開発と活用」，電子情報通信学会技術研究報告，2010年.

第4章

デザインレビュー

デザインレビューは総合信頼性マネジメントを支えるマネジメントツールで，設計活動を審査する手法である．そのため，R7の他のツールは，デザインレビューのインプット資料の作成に利用される．

デザインレビューは市場の要求に合わせて，3 段階の変貌を遂げてきた．最新のデザインレビューのねらいは製品の設計活動で生じるトラブルの未然防止に役立てることである．

本章では R7 を活用する未然防止型デザインレビューに焦点を当て，その枠組みを紹介する．

最後に，デザインレビューの国際標準化の動向を紹介する．

4.1 はじめに

わが国では，デザインレビュー(DR：Design Review)は品質管理における管理手法の1つとして産業界に浸透している．デザインレビューは1950年代に，注文型製品の信頼性設計を審査する方法として，米国の航空宇宙関連の産業で開発され，米軍およびNASAで規格化され，産業界に浸透した．

米国型デザインレビューは，1960年代にわが国に導入されて以来，日本の企業風土に合わせた「日本的デザインレビュー」として変貌し，広く産業界に広まった．21世紀に入った現在では，トラブルの未然防止のためのツールとしてさらなる変貌を遂げつつある．本章ではR7を活用する未然防止型デザインレビューを軸に解説する．

4.2 デザインレビューの定義

デザインレビューは，JIS Z 8115：2019「ディペンダビリティ(総合信頼性)用語」[1](以下，JIS信頼性用語と略記)において，次のように定義される．

> **デザインレビュー**(design review)(192J-12-101)
>
> 当該アイテムのライフサイクル全体にわたる既存又は新規に要求される設計活動に対する，文書化された計画的な審査．
>
> 注記1　デザインレビューは，当該アイテムへの要求事項及び設計活動中の不具合を検出・修正する目的で行われる，全ての審査活動を含む．
>
> 注記2　デザインレビューの目的には，仕様要求を満足する設計能力，実際又は可能性のある不足の顕在化，向上要求の評価を含む．
>
> 注記3　デザインレビューは，設計活動の適切性を保証する手段の一つである．

注記4　設計活動には，製品及び／又はプロセスを含むことがある．
注記5　デザインレビューは，打合せ及びその他の文書化されるプロセスによって実行することがある．
注記6　デザインレビューは，技術レビュー，公式デザインレビュー，チームレビュー，プロジェクトレビュー又はステータスレビュー中に実施される場合がある．

ここで，当該アイテムとは対象となる製品またはサービスのことをいうが，本章では「対象製品」のことに絞る．また，デザインレビューが行われる製品の設計の基本線(baseline)は固定されていなくてはならない．あるべき設計のからの＜差異＞の発見がデザインレビューのかなめとなる．

この定義は簡単になっているため，注記によって説明を補っている．注記の内容も合わせて理解することが必要である．定義では，デザインレビューは製品のライフサイクル全般にわたる要求に対応する設計活動の＜審査＞であるとされ，文書化し計画的に実行することが条件になっている．製品への要求事項には，製品の機能・性能，信頼性・保全性はもとより，安全性，環境保全性，セキュリティ，法的要求などが含まれる．未然防止型デザインレビューもこの定義の範疇にあると考えられる．なお，「ディペンダビリティ(総合信頼性)要求事項の達成を保証するためのデザインレビュー」をディペンダビリティレビュー(Dependability Review)(192J-12-102)という．

これより以前，2005年に発行されたIEC 61160「Design review規格(第2版)」[2]の定義と比べてみよう．

「デザインレビューとは，既存の又は新規提案の設計についての，計画され，文書化された，独立したレビューである．
注記1　デザインレビューの目的には，規定された要求事項を満足し，かつ現存の又は潜在的な欠点を明らかにして改善提案をするための設計能力の評価を含む．(以下省略)」(筆者仮訳)

なお，この規格で＜レビュー＞とは，「確立された目的を達成するために，対象事項の適切性，妥当性及び有効性を決定するために行う活動」と定義されている．

IEC 61160 の定義は，注記 1 で潜在的な欠点に触れている点で，本章で述べる未然防止型デザインレビューに一歩近づいた定義である．

4.3 デザインレビューの変遷

デザインレビューは 3 段階の発展を遂げてきた．これらは順次脱皮して変態したというよりも，社会環境や顧客のニーズに合わせて変貌を遂げた結果といえよう．現在では，これらの 3 つのタイプのデザインレビューが産業界に共存している．

それぞれのタイプのデザインレビューを簡単にまとめておく．

(1) 導入期：米国型デザインレビュー

1950 年代に米国で始まった注文型システム製品に対するデザインレビューは，発注者(顧客)の立場から発想された．契約者(メーカー)の設計が注文どおりになっているかどうかのチェックを，両者が一緒になって，チェックリストに基づきつつ会議形式で実施するものである．設計部門だけでなく，各分野の専門家の出席が要請される．米軍および NASA に取り入れられ仕様化された．

わが国では 1960 年代に導入され，防衛，航空宇宙，通信，交通，放送などの分野で実施された．発注者とメーカーの関係から「設計審査」と翻訳され，実施される会議を「設計審査会」といった．設計審査会は発注者または製造業者の会議室で実施されたが，両者の代表が必ずパネラーに含まれた．設計審査会のねらいは，

① 発注者の意図したとおりの設計であることの確認

② 複数の契約者間の分担と相互連携の確認と分担

であった．

この米国流のデザインレビューは，のちに「垂直的結合によるデザインレビュー」と称される[3]．専門知識を有する人々の知恵を利用して，開発設計者が気づかない設計上の欠点をリリース前に洗い出し，設計の完全化をめざす手法がわが国に定着したのである．

(2) 定着期：日本的デザインレビュー

一方，メーカー側では，落語「試し酒」[1)]ではないが，顧客の同席する設計審査会の前に，自衛上，事前に内部の設計審査を実施することになった．しかし，日本企業の特徴として，専門家は米国ほど顕著でなく，多くもない．永年勤続制度に基づく人事ローテーションが定期的に行われ，昇格・昇給の条件に組み入れられていた．このため，専門家というよりも，各部門の利益代表者という色彩が濃かったのである．当初，この内部的デザインレビューも「設計審査」と呼ばれたが，上下関係よりも部門間の水平関係が強いことから，審査という呼び方が嫌われて，デザインレビューやDRなどと呼ばれるようになった．このねらいは，

① 各部門の分担する活動の明確化と相互の調整
② 各部門の着眼点とそこから生まれた提案の検討

であった．

デザインレビューは，それまで「聖域」と考えられていた設計部門への品質管理の浸透に一役買うことになり，この会議手法は1970年代から80年代にかけて徐々に家電や自動車などの市場型製品に対しても普及し，成功を収めた．このタイプのデザインレビューは，日本的品質管理の傘のもと，「水平的結合によるデザインレビュー」[3]または「日本的デザインレビュー」と呼ばれるようになる．デザインレビューはTQMの機能別管理の機能の一つとして組み込まれた．

---

1) 落語「試し酒」は，落語研究家の今村信雄の作．2人の旦那が，酒飲みの下男が5升の酒を飲み干せるか賭けをする．下男はしばらく外へ出て，戻るとみごとに5升一気に飲み干す．どこに行っていたのかと尋ねると…，というもの．

(3)　変貌期：未然防止型デザインレビュー

1990年代に入ると，日本はバブル経済の崩壊を迎え，景気の低迷が長くつづいた．また，1995年の製造物責任法(PL法)の施行に見られるように，消費者側に立った品質・信頼性の要求が高まり，企業は製品トラブルの未然防止に力を注がなければならなくなった．

けれども，デザインレビューはこの頃からステレオタイプ化が顕著になり，マンネリズム化が指摘されるようになった．日本的デザインレビューは生い立ちから「なかよしクラブ」になる要素が含まれていた．従来のチェックリストにもとづく会議形式のデザインレビューだけでは，網羅的に潜在的な欠点を洗い出し，事前に対策を立てるのには十分でなかったのである．この原因については，4.5節(1)で分析する．

さて，今世紀に入ってデザインレビューは，潜在的な設計上の欠点の摘出と，その改善策の検討に力点を移す傾向が強まった．このような機運で生まれた解決策の1つが，トヨタグループで開発され，その後いろいろな企業で実践されているDRBFM(Design Review Based on Failure Mode)[4]である．DRBFMは，未然防止のために変更点や変化点に着目し，FMEAを利用して潜在的な故障モードを抽出してインプット情報とする点で，未然防止型デザインレビューの範疇に入る．

なお，本章では「R7を活用する未然防止型デザインレビュー」を取り上げる．

4.4 デザインレビューの形態

本論に入る前に，デザインレビューを形態で分類しておく．1つは製品に対するレビューの範囲と規模による分類，もう1つは製品のライフサイクルにおける設計・開発フェーズに沿う時間的分類である．

(1)　レビューの範囲と規模による分類

対象とする製品の設計全体に対しては，公式デザインレビュー(FDR：Formal Design Review)が行われる．FDRは，設計のマイルストーンに組み込まれた行事として実施するもので，米国型デザインレビューでは顧客主導で実施される．日本的デザインレビューにおいても，設計日程管理表に組み込まれて実施する公認のデザインレビューである．注文型製品の場合は，顧客が契約上ないしはメーカーから招待されて参加することもある．

JIS信頼性用語では，公式デザインレビューを次のように定義している．

公式デザインレビュー，公式設計審査(Formal Design Review)(192-12-07)
当該アイテムについて規定された又は暗黙の要求事項を設計が満足できているか否かを評価する目的で，設計及びその要求事項に対して実施する，文書化された独立した審査．
注記1　公式デザインレビューのデザインの対象には，要件定義書，設計仕様書，図面及び関連する種々のドキュメントを含む．(以下省略)

FDRは，決められた日時・期間に関係者が一堂に会して実施されるので，全体的に見れば効率はよい．しかし，会議の進行によっては，出番のないパネルメンバーも出てくるため，細かく見るとムダがないとはいえない．そこで，FDRの前に少数メンバーによる非公式なデザインレビューを行っておけば，FDRの時間短縮化が図られ，ムダを最小限に抑えられる．このようなデザインレビューは非公式デザインレビュー(IDR：Informal Design Review)と呼ばれた[6]．

IEC 61160によれば，デザインレビューのパネルは，議長，書記，製品またはプロセスの品質に影響のある部門の代表者(ただし，直接設計に携わっていないこと)，当該分野の専門家(ただし，審査対象製品の開発に携わっていないこと)，実用面からの顧客／ユーザーと規定しており，設計の説明者として，設計マネージャーと設計チーム員が必要時に出席するとしている．専門家とは，信頼性技術者，保全性技術者，品質管理技術者，物流専門家，環境問題専門家，製品安全専門家，ヒューマンファクタ専門家，法律専門家などである．また，関連部門とは，製造，購買，材料．部品，設備・工具，梱包・輸送，営業，保守サービスなどである．全員が同時期に集合するとなると，マイク付きの大きな会議室が必要かもしれない．実際に，かつて筆者が通信衛星のプロジェクトで米国の企業に出張していたときに参加したデザインレビューでは，そのような厳粛な会議であった．

FDRを効率的に進めるためには，事前にIDRを系統的かつ効率的に進めておくことが肝要である．IDRは，レビューする対象設計範囲をしぼるとともに，レビューする専門項目もせばめることによって，少数精鋭で短時間に実施することができる．設計管理や品質保証などのデザインレビュー管理部門では，どのようなIDRを行うか，あるいは省略するかを設計部門などとのコンセンサスを得た上で決め，IDRマップを作成して実施すると効率的である．図4.1は，FDRとIDRの適用範囲の概念図である．

筆者は，FDRを「総合DR」，IDRを「個別DR」と命名して実施した経験がある．例えば，製品の検査用の設備・工具に焦点をあてたIDRでは，設計者，検査エキスパート，設備設計者，信頼性技術者が小部屋に集まって30分ほど行った．その結果，将来起きる可能性のある潜在的問題点を含めてほとんどの問題が明らかになり，多くの情報を関係者で共有化できた．この事例では，重点機器の実機評価・試験をデザインレビューと連動したシステムにしたことが特徴で，デザインレビューから得られた情報を費用のかかる実機評価・試験に反映してムダをなくすように努めたものである．実機評価・試験もデザインレビューに対応して，「総合エバレーション」と「個別エバレーション」に分けて実施した．

(2)　設計・開発フェーズに沿う時間的分類

米軍規格 MIL-HDBK-338B：1998 “Electronic Reliability Design Handbook[7]” の7.11 “Design Review” では，製品のライフサイクルに沿って，予備デザインレビュー(PDR：Preliminary Design Review)，重要デザインレビュー(CDR：

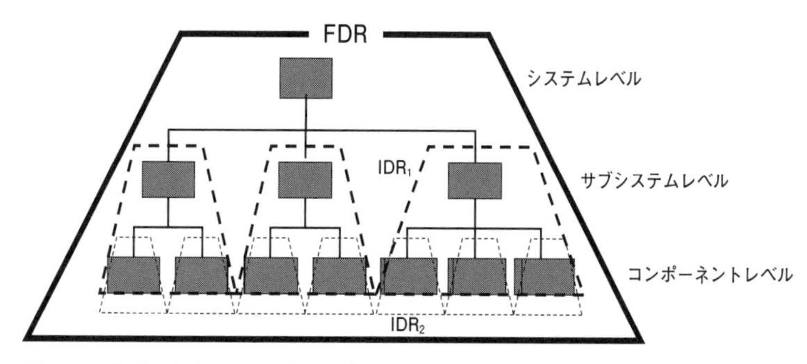

図 4.1 公式デザインレビュー(FDR)と非公式デザインレビュー(IDR)の適用範囲概念図

Critical Design Review)，製造前信頼性デザインレビュー(PRDR：Preproduction Reliability Design Review)と段階を追ってデザインレビューを実施し，その総称を公式デザインレビュー(FDR)という，と説明されている．

図 4.2 に IEC 61160：2005 に基づく設計・開発の流れとデザインレビューの関係を示す．この規格は ISO 9001：2000(JIS Q 9001：2000[6] 相当)の 7.3.4 項「設計・開発のレビュー」の要求事項を達成するための方法として制定された[2)]．実質的に FDR に相当するデザインレビューについて規定している．

日本的デザインレビューでも，マーケテイングから現地サービスまで，製品のライフサイクルにわたり各種デザインレビューを設定する．図 4.3 は，無線通信機器の品質保証体系の中で，デザインレビューの占める位置を表した全体像である．日本的デザインレビューでは，本来の設計の完全化をめざすとともに，関連部門との製品や設計に関する情報の共有化を図ることも重要視する．生産の源流に近いデザインレビュー(例えば概念デザインレビュー)では，後工程にねらいの設計情報を伝えるというフィードフォワードな要素が強いが，設計が進んでくると(例えば最終デザインレビュー)，設計上の問題点が摘出されて，設計にフイードバックする要素が大きくなる．特に，後工程のメンバー

2) 2008 年版までは上記の項目であったが，2015 年の改訂でレビューは 8.3.4「設計・開発の管理」の中に組み込まれた．レビューの手段については規定されていない．

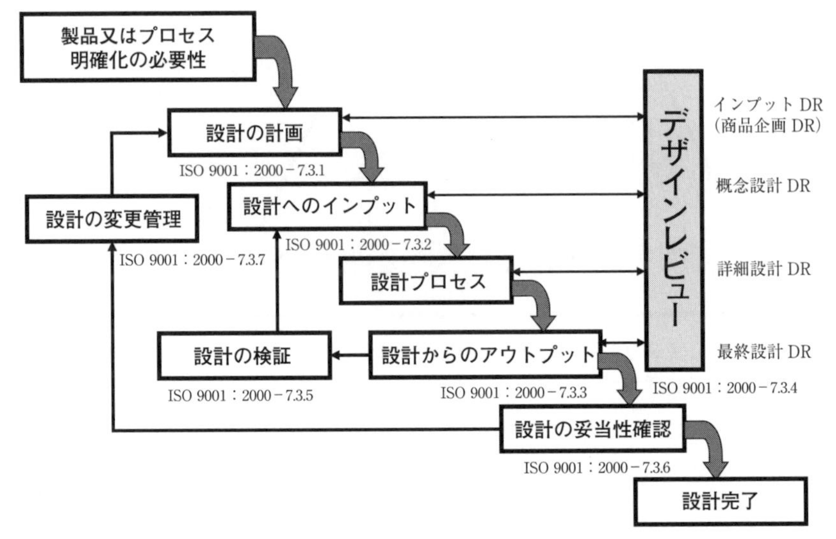

筆者仮訳

図 4.2　ISO 9001：2000 に従った設計；開発のプロセスとデザインレビューの関係（IEC 61160：2005 の Fig.1 による）

がデザインレビューへの参加によって早めに製品情報を獲得することは，モチベーションの向上につながり，自発的にコンカレント・エンジニアリング（同時並行技術）が達成されるフィードフォワードな効果がある．

また，積極的な参加意欲は，直面する問題点のみならず潜在的な問題点の洗い出しにも有効に働くのである．そのために，設計・開発フェーズにもとづくデザインレビューと，(1)項で述べたIDRとを組み合わせて実施すると，メンバーの活躍の場が増え，相乗効果が生まれる．

具体的には，新規開発製品のデザインレビューに参加することによって，製造技術部門のパネルメンバーは生産設備や工具を，検査技術部門のパネルメンバーは試験設備や検査用治具（jig）を事前に検討して，実際の生産に入るときには準備万端整っているという寸法である．

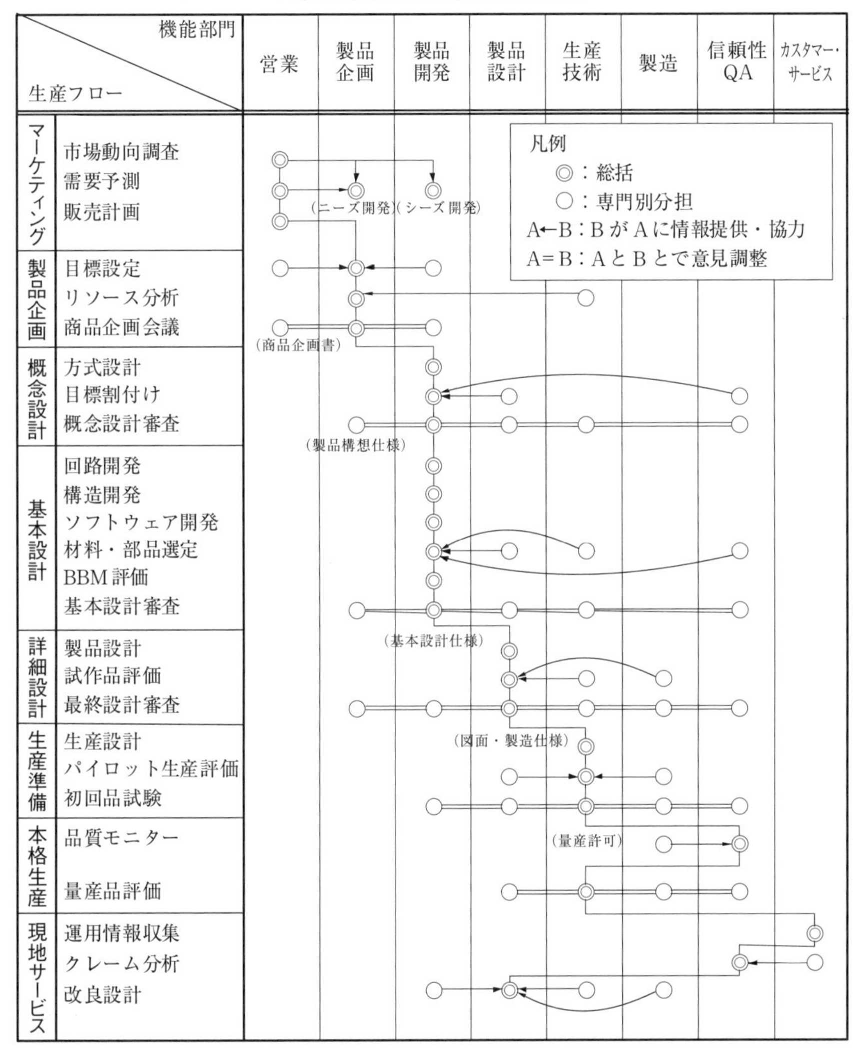

凡例：次のように対応

商品企画会議 ➡ 商品企画 DR
概念設計審査 ➡ 概念 DR
基本設計審査 ➡ 詳細 DR
最終設計審査 ➡ 最終 DR

BBM：たたき台(Breadboard Model)

図 4.3 設計の流れに沿った公式デザインレビュー(FDR)の位置付け

4.5

デザインレビュー実施上の留意点

この節では，よりよいデザインレビューを遂行するための留意点を述べる．最初に，問題点を示し，それらを緩和し，解消するためにすぐできる事項を留意点としてまとめる．

(1)　デザインレビュー実施上の問題点

4.3節(3)項において，前世紀の終わりに，わが国のデザインレビューはマンネリズムに陥ったと述べた．一般的に，組織体においては，長年同じ業務を続けていると，ステレオタイプ化することを免れない．ルーチン化している仕事を楽にしようとする悪しき＜合理化＞が働くためである．企業内のデザインレビュー活動についても同様の現象が見られた．

日本的デザインレビューについて浮上した代表的な問題点を３つ挙げる．

①　指摘内容の貧困さ・脆弱さ

設計者や設計部門は，デザインレビューが設計の完全化に役立つことを期待している．しかし，設計文書類の誤記の指摘のみだったり，設計の本質から離れた指摘であったり，すでに検討済みの項目の蒸し返しであったりして，設計者は役に立ったと思わず，時間のムダ遣いと考えている．

②　会議の形骸化

デザインレビューが設計の次のステップに移るための関門として規定されているので，とりあえずルールだから実施している．パネルメンバーは，会議の内容よりも開催すること自体に意義を感じている．したがって，デザインレビュー会議を早く終わらせて，もっと優先度の高い別の仕事にかかりたいと思っている．そのため，デザインレビュー会議では表面的な指摘に終始し，それが日常になっている．

③　デザインレビューの結果評価の不適切

管理部門は，デザインレビューの成果を質ではなく量で評価してしまう．例えば，1カ月あたり，部門あたりのデザインレビュー回数や指摘事項の件数で，デザインレビューの活性度を評価する．パネルメンバーも指摘事項の件数稼ぎに走ってしまい，重箱の隅を突くようなやりとりが横行する．そもそも，指摘内容の質なんて客観的にどう評価したらよいのか．量が多いのは関心の度合いと熱心さの表れではないのか．

以上のような原因によって，「あっては困るデザインレビュー会議」が生まれてしまう．表4.1に，典型的な7つのあっては困る会議のタイプを示しておく．

(2) 有効なデザインレビュー会議にするための留意点

それでは，期待されるデザインレビュー会議とはどのようなものだろうか．

デザインレビューの定義によれば，必ずしも会議形式をとる必要はないのであるが，産業界では会議によってデザインレビューを進めることが広く行われ

表4.1 あっては困るデザインレビュー会議

番号	会議のタイプ	会議の問題点
1	説明会型	設計者がパネラーの意見にことごとく反発し，結局，自分の進めてきた設計に固執して採用してしまう(中核的設計者に多い)．
2	勉強会型	パネラーが事前の配付資料を読んでこないので，低次元の質問しか出ない．
3	老人会型	議論が本質から逸れて，パネラーの苦心談や思い出話に花が咲く(設計部門出身のパネラーに多い)．
4	いじめ型	パネラーが資料の不備などを理由に設計者を吊し上げる(設計者が若手の場合に起こりやすい)．
5	かかし型	パネラーのほとんどが代理出席で，適切な意見もなく，ただ参加してメモをとるだけ．
6	吉本新喜劇型	パネラーが会議室を出たり入ったり，たびたび電話で議論が中断されたりして，主題に集中できない．
7	ことなかれ型	都合のよい内容だけを議論して，パネラー間の激論を避けてしまい，重要な問題が抜ける．
番外	しゃにむに型	てきぱきと会議を進行しているが，審議事項の軽重を考えた時間配分が行われていない(主催者／事務局)．

ている．そこで，TQM の思想を反映した今日的なデザインレビュー会議とするための，実施上の要点を列挙しておく[8]．

① 経営トップや管理者の意欲と理解

実のあるデザインレビューにするには，やはり経営トップや管理者の品質とコストの改善に対する強い意欲，ならびにデザインレビューに対する深い理解と信頼が必要である．トップの関心やリーダーシップの発揮は，組織にあっては敏感に下に伝わるものである．トップがパネルメンバーに一声かけ，あるいは審査内容について訊ねるだけで，デザインレビュー会議は引き締まり，活気溢れることになる．

② パネルメンバーの客観性と公平性

デザインレビューのパネルメンバーは，選ばれた自覚をもち，その責任と権限をしっかり果たさなければならない．自分は何を期待されパネルに選ばれたのかをよく理解する必要がある．会議に出席する前に，自分の果たす役割を有効にするために，自分でしかできない専門的な問題点の抽出を進めておくことも肝要である．会議では客観的かつ公平な立場で，専門性を踏まえた建設的な意見や提言・助言を行うよう努力をする．決して自部門の利益を優先したり，おざなりな参加をしたりしてはならない(表 4.1 を反面教師としよう)．

③ 技術知識の補完と蓄積

デザインレビューによって，課題やプロジェクトごとに問題点とその解決策を討議して，会議の後も組織全体としてそれらを分類・整理して，技術の総合化を図る努力が必要である．この結果は，組織として標準化された様式でデータベース化を図るとよい．

④ トラブルの未然防止へのデザインレビューの活用

生産の源流である商品企画段階や開発設計段階におけるデザインレビューを実施するなかで，PL 問題やリコール問題への潜在的な問題点を摘出し，技術的かつ管理的に未然防止を図り，源流管理に生かすことが必要である．

(3) パネルメンバーの有すべき属性

デザインレビュー会議を構成するのは，パネルメンバーである．デザインレビューの成功・不成功は，パネルメンバーをどう選ぶかで決まるといっても過言ではない．IEC 61160では，パネルメンバーの保有すべき属性を次のように示している．

a） 能力：知識，経験および個人の属性を等しく重視すること．すなわちメンバーは自己の専門領域や機能を自由に表現し，意見・提言・要求を前向きに述べることができること．

b） 客観性：パネルメンバーが有すべきもっとも重要な属性は客観性である．偏見や感情の高ぶりに左右されることなく，情報の利点を評価できなくてはいけない．

c） 感性：パネルメンバーは，難解なまたは困惑させる質問に対しても，前向きな対応のできる感性をもつこと．個人攻撃などはもってのほかである．

4.3節の(2)項に述べた理由から，日本的デザインレビューではこれらを完全に満たすパネルメンバーを探すことはむずかしいかもしれない．むしろ，デザインレビューは自分を成長させてくれる場と考えて，積極的に部門代表として行動するとよいだろう．加えて，本節(2)項の②にまとめた客観性と公平性の要求は最低限満たすように心がけたい．パネルメンバーは，自己の専門分野や担当業務範囲について，「問題点を見逃したら恥」と考える気構えが必要である．

(4) 問題指摘のための着眼点

さて，パネルメンバーに選ばれた場合，問題点の指摘を行わなくてはならない．問題を合理的に見出す着眼点を2つあげておく．

① インターフェースや違いに着目

異質なモノが接したり交わったりする部分，すなわちインターフェースでトラブルが生じることが多い．例えば，製品本体と付属品，機械系と電気系，ハードウェアとソフトウェア，人と機械などのインターフェースを重点的にチェックするとよい．いまは問題がなくとも，経時的に徐々に反応して異常が生じる可能性も想定する．また，時間的・空間的な違いやズレ(何かと比べてみて違いが見られるところ)にも着目するとよい．色や形の違いは目につきやすいが，それぞれ別の設計グループで設計された構成部品の組立てや，老若男女のような使用者の違いなどにも気配りすることが望ましい．

② 3H(変化，初めて，久しぶり)[9] に着目

時間的に変化があった部分には，問題が潜在することが多い．顧客層の違い，生産量の変化，初参入の設計外注先，新製品への既設計部品の利用など，3H に該当することは少なくない．

3H とは，次のような場合である．

- 変化(Henka)：製品のモデル変更や設計変更の場合など
- 初めて(Hajimete)：新製品の企画・開発・設計の場合など
- 久しぶり(Hisashiburi)：既設計品や以前に作られたソフトウエアなどを再利用する場合など(特に，運転条件や使用環境条件の変化に着目)

なお，前出の DRBFM では，時間的・空間的な変化点の他に，人為的な変更点および変更に関わる心配点にも着眼するよう述べられている．製品やその設計・製造技術に熟知している技術者の感じる不安は自分勝手に打ち消すことをせずに，公の場に持ち出して，他の専門家の目で検証してもらうことがよいであろう．

(5) デザインレビュー会議の検討項目と文書類の要点

デザインレビューで何を検討するかは，デザインレビューの目的と形態，製品のタイプなどによって異なるが，図 4.4 に代表的な項目をまとめた．検討項目に合わせてインプット文書を事前に準備することになるが，これも併せて示している．検討項目とインプット文書は，実施するデザインレビューの目的に合わせて選び出すとよい．技術的なインプット文書の作成にはデザインレビュー(DR)を除く R7 の 6 つのツールが縦横に活用される．アウトプット文

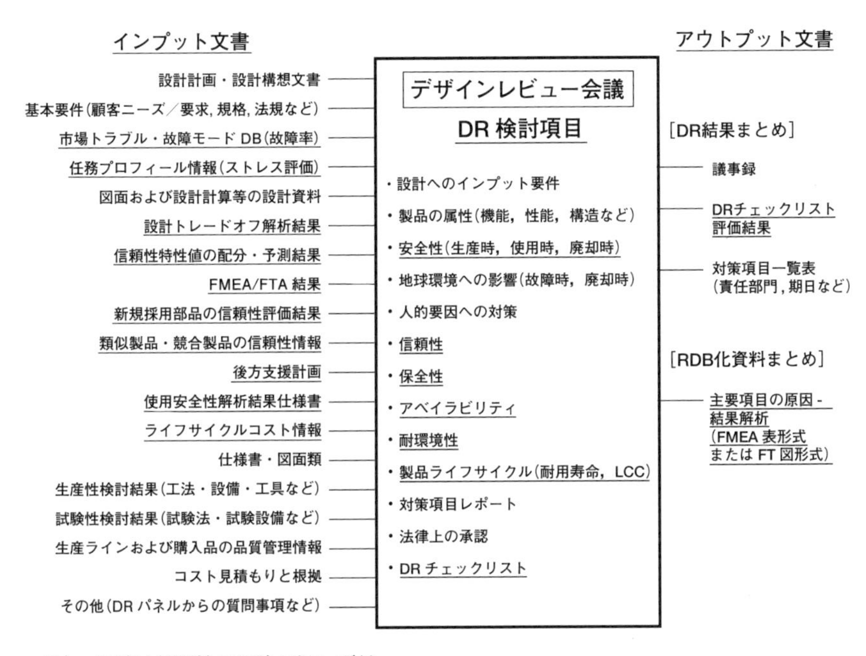

注） 下線は信頼性に関連の深い項目

図 4.4 デザインレビュー会議の検討項目と関連文書類

書は，デザインレビューのタイプに関係なく，いずれも必要である．

狭義のアウトプット文書は，デザインレビュー会議結果のまとめ，例えば議事録である．さらに，当該プロジェクトや製品に反映するため，必要な成果を標準類にまとめることも必要である．

4.6 信頼性七つ道具(R7)を活用する未然防止型デザインレビュー

デザインレビューの効用はパネルメンバーの有する知識・経験を効率よく引き出して，明文化することにある．これには未然防止の要素も含まれていたが，審査の焦点が幅広くなりすぎて，薄まってしまったことが弊害になっていた．

未然防止型デザインレビューは，トラブルの未然防止に絞って組織的に実施するデザインレビューである．具体的には，隠れていた，あるいは気づかなかった組織の中の「暗黙知」を公の場に引き出し，標準類として明文化することで「形式知」に転換するとともに，組織の共有財産に集約する活動を強化し，「組織知」にまで高める管理ツールである．

未然防止型デザインレビューのプロセスにR7を活用することを提案するのが「R7を活用する未然防止型デザインレビュー」である．底辺にある暗黙知の取りまとめには，R7の信頼性設計技法，FMEA/FTA，信頼性試験，故障解析およびワイブル解析が利用できる．暗黙知の形式知への転換には，FMEA/FTAが利用できる．FMEA/FTAは潜在的なトラブルの摘出と解析に有効である[3)]．

FMEA/FTAのインプット情報には，暗黙知から得られる情報に加えて，信頼性データベース(RDB)が利用できる．信頼性データベースを利用して故障モードなどの不適切で不具合な要因を洗い出すことができる．さらに，信頼性データベース(RDB)は，未然防止型デザインレビューの成果情報を組織知として蓄積するのに役立つツールでもある．

図4.5に，R7を活用する未然防止型デザインレビューの概念図を示す．すなわち，IDRによる暗黙知を吸い上げ，デザインレビューの系統的・効率的運用，デザインレビュー結果のフォローアップ展開を確実に実施することで，トラブルの未然防止を図る方法を表している．

(1)　暗黙知の仕様への着目

未然防止型デザインレビューでは，①のIDRによる暗黙知の吸い上げが基本になり，重要である．

IDRにおいては，暗黙知の仕様に着目して討議するとよい．設計者が製品

---

3)　安全性や環境保全などにおいて，人と装置，人と人，装置と装置のインターフェースで生じる創発的トラブルの解析には三要素FMEAを利用すると効率的である(本書3.6節，JIS C 5750-4-3の附属書JA，および本叢書『新FMEA技法』第8章参照)．

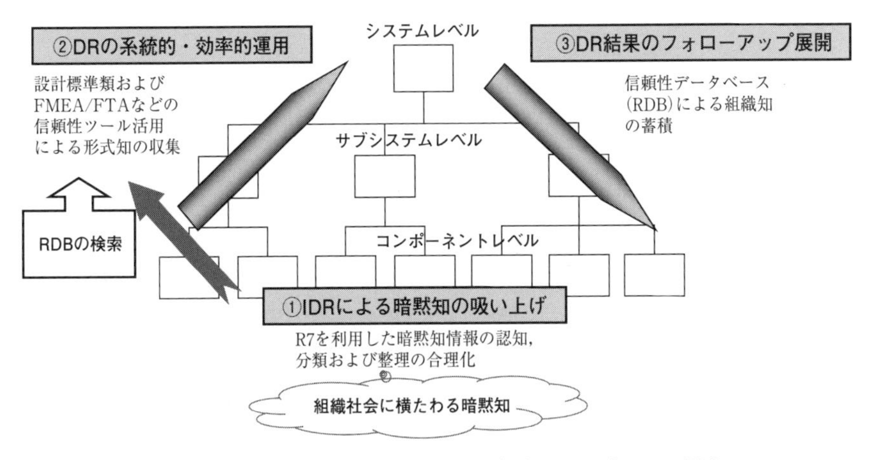

図 4.5　R7 を活用する未然防止型デザインレビューの概念

の機能・性能などの品質特性のあるべき状態を規定する一般仕様に対して，通常は表に出ない暗黙知の仕様には次のようなものがある．

- 設計者の目に触れない使用者の事情，環境，使用条件
- ユーザーとの永年の取引で慣習的な了解事項
- 「べからず集」,「失敗事例集」のような，規制力の弱いデザインルールに準ずるデータ
- 文書に明示されないが，関係部門または個人で伝統的に蓄積されている条件
- 自社の中にはないが，社会的な通念として存在する条件

(2)　R7による暗黙知の技術情報の整理

設計者が設計ノートに記述している技術データや情報も，本人しか知らない暗黙知情報といえる．IDRではこのような情報も討議の対象となることが多い．

そもそも暗黙知情報の存在は，設計者や技術者の＜気付き＞により認識され記録されたものだが，人の感性と能力に依存するところが大きい．そのため，これらの情報を合理的に認識し獲得するための種々の管理ツール：N7(新 QC

七つ道具)やRCA(根本原因分析)の手法などが提供されてきた.

R7もそれらの一つとして機能し,信頼性や安全性の分野の暗黙知情報の認知,収集,分類および整理の合理化に役立つ.その結果,暗黙知の技術的表現が洗練され,公の場に吸い上げる際に関係者の理解を得やすくできる.

(3) 重点志向の未然防止型デザインレビュー

未然防止型デザインレビューは,利用できる企業資源の下で最良となるように遂行することが望ましい.

企業では,多くの注文を抱え,新規設計や改良設計が並行して進んでいる.この中には,簡略したデザインレビューや部分的なデザインレビューで十分な場合も少なくない.そこで,デザインレビューのメニューを設け,一定の基準を設けて製品設計のランク分けを行い,最もふさわしいデザインレビューを選んで遂行するとよい.判断基準としては,製品の複雑度,3Hの度合,過去の顧客クレーム,過去のトラブル,生産技術の新規性などの適切な項目を選び,それぞれの問題の度合いによってランク分けし,ランクごとに評点を定めておく.デザインレビューの対象とする製品について,それらの項目を評価して評点を付ける.それらの評点を集約して,デザインレビューの実施区分を決める.例えば,総合デザインレビューについては,完全に行うか,簡略化するか,または省略するかの選択肢を設ける.また,製品の構成要素の個別デザインレビューについて,重点的に実施するものを決める.実施する際は完全に行うか,簡略化するかを決める.

最後に,総合デザインレビューと個別デザインレビューを組み合わせた,製品ごとの「デザインレビュー実施マップ」を作成し,それに基づき未然防止型デザインレビューの運用を進める.この結果,人的資源の重点投入が見える化でき,合理的でメリハリをつけた未然防止策を講じることができる.

なお,DRBFMを採用した日産自動車における未然防止手法であるQuick DR[10]も,以上の観点から重点志向の未然防止型デザインレビューと考えることができる.

4.7 デザインレビューの標準化

デザインレビューの標準化は，最初に米軍で進められた．現在，内容を知ることのできる米軍仕様書としては，前出のMIL-HDBK-338Bのほかに，MIL-STD-1521B "Technical reviews and audits for systems, equipments and computer software"[11]がある．

現在，国際的な信頼性の標準化は，IEC(国際電気標準会議)のTC 56(第56専門委員会)「ディペンダビリティ」が担当している．デザインレビューの規格としては，すでに述べたIEC 61160が制定されているが，4.4節(1)項に述べたように，設計・開発フェーズのデザインレビューに限定されている．この前身のIEC 1160：1992 "Formal design review" では，製品のライフサイクルにわたりそれぞれのフェーズのデザインレビューが規定されており，米軍規格の影響が強い内容であった．

わが国のデザインレビューも少なからず米軍規格の影響を受けてきており，製品のライフサイクルにわたりデザインレビューを実施するのが企業の常識になっている．わが国のIEC TC 56国内専門委員会では，日本的デザインレビューを軸とした製品のライフサイクルにわたるデザインレビュー規格をIEC TC 56に提案してきた．しかし，欧米のデザインレビューとは隔たりが大きく，なかなか理解を得るにいたらなかった．その後，欧米の委員を巻き込む形で粘り強い努力をした結果，IEC 62960 "Dependability reviews during the life cycle"[12]としてまとまり，2020年3月に発行された[4)]．なお，JIS規格としても制定される予定である．

4) 本叢書でも，IEC 62960を軸とした新しいデザインレビューについて書籍の刊行を予定している．

4.8 おわりに

本章では，デザインレビューの詳細な方法論を述べるのではなく，デザインレビューの発展してきた流れを紹介し，第3段階の未然防止型デザインレビューの特徴とR7の活用をまとめた．特に，信頼性データベース(RDB)とFMEA/FTAは未然防止型デザインレビューに大いに寄与できることを述べた．

また，日本企業で行われているデザインレビューをベースにまとめられたIEC 62960の総合信頼性レビューの国際規格化により，日本的デザインレビューの国際進出も始動している．

コラム

ICT時代のデザインレビュー

ICT時代の到来で，ネットワーク会議が発展している．小規模組織でも遠隔地との会議が容易になっている．

その昔，海外生産拠点とテレビ会議によってデザインレビューを行った経験がある．当時は回線使用料など高価であり，冗談を言い合ったり，ゆっくりしゃべったりする人がいて本題が進まないと，管理部門の人間としてハラハラしどおしだった経験がある．

現在では，インターネットを利用したテレワークも進んでおり，簡単な設備でWEB会議が安価に行えるようになった．信頼性データベース(RDB)やデザインレビューのインプット資料をクラウド化することにより，遠隔地にいるそれぞれのパネラーがペーパーレスで自由に必要資料を閲覧でき，会議をスムーズに進めることができる．製品安全や環境アセスメントなどの目的の異なるデザインレビューとネットを通じてコラボレーションする日も近いだろう．

組織の隅々から多くの情報を集約していく未然防止型デザインレビューでは，ICTの利用とAIの活用がうってつけで，大いに期待がもたれるのである．

【第4章の演習問題】

［問題4.1］ テーマを絞って，少人数の関係者が集まって短時間に実施するデザインレビューは次の中のどれか？

ア．公式デザインレビュー(FDR)　イ．非公式デザインレビュー(IDR)

ウ．予備デザインレビュー(PDR)　エ．日本的デザインレビュー

オ．最終デザインレビュー

［問題4.2］ 未然防止型デザインレビューのDRにおいて，暗黙知を形式知から組織知に転換する過程で特に有効なR7のツールを，下記の選択肢から2つ選べ．

ア．信頼性データベース　イ．信頼性設計技法　ウ．FMEA/FTA

エ．デザインレビュー

オ．三位一体の信頼性解析(故障解析，信頼性試験，ワイブル解析)

［問題4.3］ IEC 61160：2005において，デザインレビューのパネラーが保有すべきとされている属性を，下記の選択肢から3つ選べ．

ア．感性　イ．客観性　ウ．主体性　エ．知識　オ．能力

第4章の参考文献

［1］ JIS Z 8115：2019「ディペンダビリティ(総合信頼性)用語」
［2］ IEC 61160：2005 “Design review”
［3］ 菅野文友，額田啓三，山田雄愛：『日本的デザインレビューの実際』，日科技連出版社，1993年．
［4］ 吉村達彦：『トヨタ式未然防止手法 GD^3』，日科技連出版社，2002年．

[5]　Takashi Ichida, E.C.Voigt：“Product Design Review：a method for error-free product development”, Productivity Press, 1996.

[6]　JIS Q 9001：2000「品質マネジメントシステム－要求事項」

[7]　MIL-HDBK-338B：1998 “Electronic Reliability Design Handbook”

[8]　鈴木和幸，益田昭彦：「信頼性とは －信頼性の基本と重要な考え方 - 未然防止の設計手法」，『2010 年度信頼性セミナー初級コーステキスト』，日本科学技術連盟，2010 年.

[9]　鈴木和幸：『未然防止の原理とそのシステム』，日科技連出版社，2004 年.

[10]　大島恵，奈良敢也：『日産自動車における未然防止手法　Quick DR』，日科技連出版社，2012 年.

[11]　MIL-STD-1521B：1985 “Technical reviews and audits for systems, equipments and computer software”

[12]　IEC 62960：2020 “Dependability reviews during the Life cycle”

第5章

信頼性試験

信頼性試験は，ともすればその結果の合否が注目されることが多いが，本来は信頼性七つ道具の一つとして信頼性づくりに欠かせない技法である．

アイテムが使用期間中，要求を満たす性質である信頼性は，設計段階で作り込む必要がある．信頼性試験はアイテムの信頼性を保証するとともに，設計段階で信頼性を作り込むための情報を獲得する役割を持つ．信頼性試験は品質の評価に直結する技術であり，単なる手順やテクニックではなく，効率的な製品開発を行うためのノウハウの塊である．アイテムをどのように評価し，改善するために価値のある情報とは何かというフィロソフィーなしに考えることはできない．

信頼性試験は，信頼性づくりの出発点にも終着点にもなるものである．本章では，実際の信頼性試験の新製品開発の活動における役割と，その準備，計画，実施，報告の要点を紹介する．

5.1

製品開発と信頼性試験

5.1.1　信頼性試験とは

信頼性試験は信頼性目標の達成を確認し，現在の設計の結果に内在する故障や弱点を明らかにする手段である．信頼性における試験は，「アイテムの一つ以上の特性を決定又は検証するための手順であり，サンプルが採られたアイテムの母集団の情報を確かめるために行う」[1]．信頼性試験は次のように定義される．

> **信頼性試験**（192J-09-101）
> 　信頼性の特性又は性質を分類するために行う試験．
> 注記1　大別して，信頼性適合試験及び信頼性決定試験に分類される．

国際的な用語規格 IEC 60050-IEV-192 では，信頼性試験に関わる用語として28用語を取り上げている．また JIS Z 8115：2019 では，34語を追加して62語を定義している．信頼性適合試験，信頼性決定試験の定義は以下のとおりである．

> **信頼性適合試験**（192J-09-106）
> 　アイテムの信頼性特性値が，規定の信頼性要求（例えば，故障率水準）に適合しているかどうかを判定する試験．
> 注記1　この試験は，統計的検定に対応する．
> 注記2　適合試験には，定形な試験と非定形的な試験とがある．定形的な試験とは，例えば国家機関又は業界団体が定めた試験を指し，非定形的な試験とは，その他の試験を指す．

1)　JIS Z 8115：2019 192-9-01 参照．

信頼性決定試験(192J-09-111)

アイテムの信頼性特性値を決定する試験.

注記1　この試験は，統計的推定に対応する.

注記2　決定試験には，定形的な試験と非定形的な試験とがある．定形的な試験とは，例えば国家機関又は業界団体が定めた試験を指し，非定形的な試験とは，その他の試験を指す.

信頼性試験は目的(受入れ，認定など)，方法(加速，ステップストレス，スクリーニングなど)，場所(試験室とフィールド)などで分類する場合もある.

分類に関わらず，実際の製品開発の中で信頼性試験は，設計の自由度が大きい開発の初期段階では，設計の弱点や使用限界の把握，設計目標の確認や設計余裕の検証，あるいは故障の顕在化などの目的で実施される．また開発の後期では，設計目標の達成度の検証や妥当性の確認が主たる目的となる．製品出荷後も故障の再現や対策の効果確認，設計変更の際の信頼性確認，生産中の製品の信頼性実証などを目的とした信頼性試験が行われる．このように，信頼性試験は製品のライフサイクルを通じて改善活動の基点となる情報を提供する手順と位置付けられる.

5.1.2　製品開発と信頼性試験

製品開発の目的は，ライフサイクル[2)]を通じてお客様が満足する製品を提供することである．不具合発生を未然に防止し，ライフサイクルを通じて要求される信頼性，またディペンダビリティ(以下，総合信頼性)[3)]を達成するための信頼性改善技法に信頼性七つ道具(R7)がある.

信頼性試験はR7の中でアイテムの試作品や実際の製品を用いて信頼性を評

2)　製品のライフサイクルは，「構想及び企画，設計及び開発，製造又は建設，据付け及び試運転，運用及び保全，アップグレード又は寿命延長化の実施，並びに運用停止及び廃却」に分類される(JIS Z 8115：2019 192J 01-09 注記).

3)　アイテムが，要求されたときに，その要求どおりに遂行するための能力(JIS Z 8115：2019 192J 01-22).

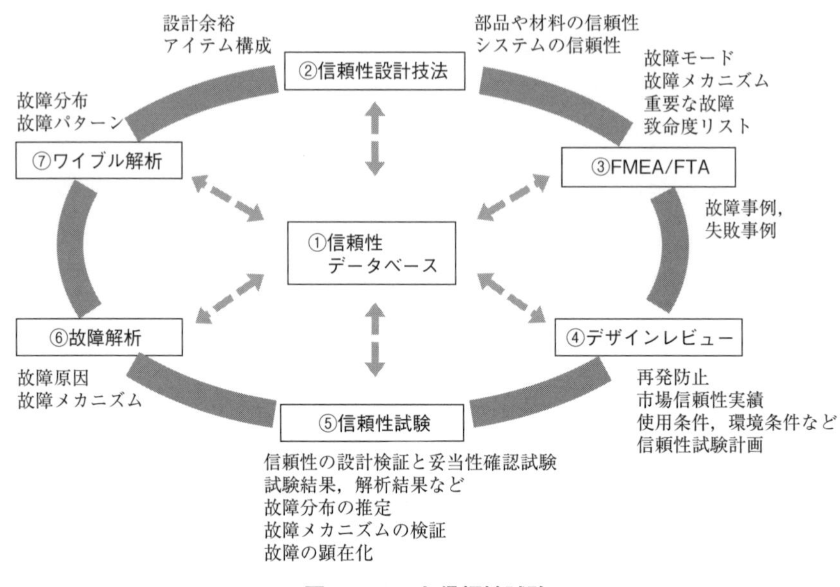

図 5.1 R7と信頼性試験

価する技法であり，信頼性を改善し，信頼性データベースを構築する上で欠かせない技法である．図5.1にR7と信頼性試験の関係を示す．

信頼性試験は，その結果が注目されることが多いが，本来は製品開発の中で信頼性の改善を促すものである．信頼性試験は，表5.1に示すように企画から廃却のフェーズまで，その活動に必要な情報，すなわち材料や部品の使用限界，故障メカニズムや弱点の情報，潜在的な故障の検出，設計検証や妥当性確認，故障の再現や保全性の確認の情報を提供する．

「信頼性は設計で決まる」といわれる．その理由は，信頼性に関わる不具合が設計の前提条件と製品ライフサイクルの間に生じる要求の変化が原因で発生するためである．そこで故障を防ぐには十分な設計余裕をもつ技術の選択と，その設計検証と妥当性確認の確実な実施が必要となる．設計検証と妥当性確認は，ともに「満たすことを確認する行為」[4]であるが，設計検証が，「要求仕様

4) JIS Z 8115：2010 192-01-17「検証」，192-01-18「妥当性確認」を参照．

表 5.1 製品のライフサイクルと信頼性試験

フェーズ	主な活動	試験の目的	対象	試験方法
企画	市場ニーズの把握 市場情報の把握 製品の企画／仕様の決定	弱点や致命ポイントの検出 性能限界，故障メカニズムの把握	材料 部品 試作品	限界試験，疲労試験 耐久試験，破壊試験 環境試験など
設計・開発	設計条件の決定／技術選択 実現策の立案と決定	設計検証／妥当性確認 購入品の信頼性検証	設計試作品 購入部品	故障率試験 寿命試験 加速試験(定量，定性)
生産	購入品の品質維持 生産品質の維持	初期故障の除去 購入品の受け入れ 定期的な信頼性実証	購入部品 量産品	スクリーニング 認定試験 実証試験
設置，試運転	調整とカスタマイズ 動作確認	初期故障の除去，慣らし 個別対応策の効果確認	設置品	効果確認試験
運用・保全	アフターサービス 修理，点検 アップグレード，寿命延長	保全性の確認 不具合情報の収集と分析 フィードバック	使用中の製品，部品 故障品，交換品	再現試験 比較試験
廃却	分解 リユース	環境負荷の確認 残存寿命の確認	回収品 使用済み部品	寿命試験 影響確認

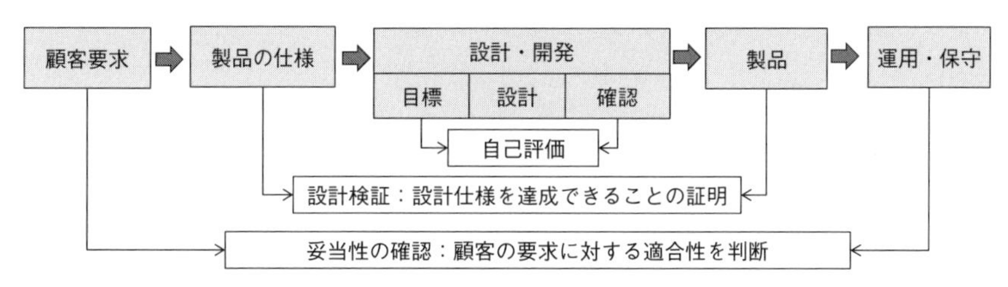

評価：設計の結果が目標を満足できるかを見積もる
検証：約束した仕様を満たすことの客観的な判定
妥当性確認：顧客の要求に対し適合性しているかどうかの判断

図 5.2 検証と妥当性確認

から展開された設計目標の充足を証明」するのに対し，妥当性確認は「意図された用途または適用に関する要求事項を満たすこと」の確認という違いがある(図 5.2)．

設計検証が目的の信頼性試験では，設計への要求仕様に基づく条件で試験を行い，設計目標の達成度を検証して必要な改善を行う．ところが，実際の市場で評価される製品は，設計目標となる信頼性仕様を満足しても市場に受け入れられるとは限らない．そこで市場要求への適合を確認するために，妥当性確認を目的とする信頼性試験を行い，実際の使用条件の調査や社会動向の変化を反映して，製品の信頼性を評価することが必要になる．

設計検証と妥当性確認だけでなく，信頼性試験はライフサイクルを通じて，信頼性を改善する情報を得るものであり，その目的に応じた運用が必要となる．

代表的な実施時期の例を図5.3に示す．通常，製品開発では，源流で設計の自由度の大きさを活かして信頼性課題を明確にする試験を行い，開発の後期では市場の情報や生産上の制約を考慮しながら，設計目標や市場要求に対する課題を抽出するための試験を行う．

信頼性試験の目的は，不具合の発生を未然に防止して製品の信頼性(その多くは総合信頼性)を改善することである．信頼性決定試験は，技術データの収集活動として開発段階でも行うが，信頼性目標への適合性を判断する信頼性適合試験は製品開発の後期になることが多い．そのため信頼性適合試験では，そ

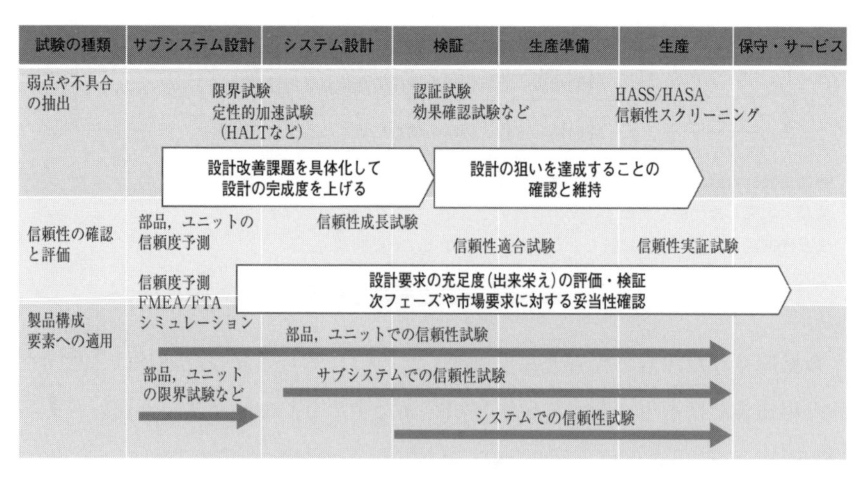

図5.3　信頼性試験の実施フェーズ(IEC 62506より部分引用)

の合否に注目が集まり，つい「顕在化した不具合にすべて対策すれば信頼性が改善される」，「たくさんの試験で，すべての不具合を顕在化させればよい」という誤った考えに陥りやすいので注意が必要である．

信頼性試験[5)]は基本的に抜取試験であり，すべての改善情報が得られるわけではない．そこで，効率的な製品開発のためには，目標への適合度を判定する信頼性適合試験であっても，試験計画や運用の際に信頼性改善につながる情報を多く収集できる工夫が求められる．信頼性試験は，多くの製品開発リソースを費やす活動である．その費用は信頼性を改善することで回収されるのである．

5.2
信頼性試験の方法と準備

5.2.1　試験の方法と注意点

製品ライフサイクルの各段階の信頼性試験には表5.2のような手法がある．これらの信頼性試験の多くは，故障データを得るための一種の破壊試験であり，全数の試験はできない．そこで，統計的手法を活用して母集団の性質を推定するが，製品開発の初期段階では十分な数のサンプルを準備することは難しく，またそのサンプルが，設計検証ができない仕様や構成となっていたことが後で判明する場合もある．そこで，試験の対象となる母集団の設計の完成度やアイテムの構成，さらにその変更履歴を信頼性試験の前に明確にしておくことが必要となる．また，試作品の出来や構成部品を把握して，設計検証が可能な範囲を明らかにすることも大切である．

5)　信頼性試験は故障データを扱うために全数確認はできず，すべての故障現象を顕在化させることもできない．

表 5.2　製品ライフサイクルと代表的な試験手法

試験の名称	概要	企画	設計	生産	設置	運用	廃棄
加速試験法	通常よりも高いストレスで故障に至る時間を早める	○	○				
高加速限界試験法　HALT	高いストレスで内在する故障を積極的に抽出する手法	○	○				
RSS	製造工程で完成品に高いストレスを加えて欠点や瑕疵を顕在化させて初期故障を除去する手法			○			
HASS	ストレスを複合させて行う RSS 手法			○			
信頼性決定試験	製品の信頼性特性を推定するための試験	○	○	○			
信頼性適合試験	目標とする信頼性を満足することを判断するための試験．検定に相当		○	○			
OBA	製造工程が意図どおり機能しているかどうかの監査			○			
信頼性実証試験	信頼性目標を満足していることの実証			○	○		
信頼性実測	市場における信頼性の値の実測				○	○	
故障解析 / 良品解析	故障品を物理的・化学的に解析して故障メカニズムを同定する手法	○	○	○	○	○	○
満足度調査	略					○	○

HALT：Highly Accelerated Limit Test　RSS ：Reliability Stress Screening
HASS ：Highly Accelerated Stress Screening　OBA：Out of Box Audit

5.2.2　信頼性試験の準備

信頼性試験は信頼性を改善する情報を得る技法である．信頼性試験に期待される情報を明らかにするには，計画，準備において信頼性の定義[6]にある要素を明確にしておく必要がある．

(1)　アイテム

部品，材料，ユニット，製品など試験対象となるアイテムを具体的にするこ

6) 「アイテムが，与えられた条件の下で，与えられた期間，故障せずに，要求どおりに遂行できる能力」(JIS Z 8115：2019　192-01-24)．

とは，改善対象と必要な情報を明確にするだけでなく，そのサンプルの仕様についても具体的に決定することができる．結果としてアイテムは，その主要な要素を取り上げたTEG（Test Element Group）や特定の機能に着目したユニットとなる場合もある．

(2) 与えられた条件/期間

信頼性は既定のストレスと，約束した期間の中で発揮される性質である．故障はアイテムのもつ故障メカニズムに従って発生するので，ストレス条件（種類，大きさ）や期間が明らかでないと故障の可能性と重要さは判断できない．これらの条件や期間は仕様書にすべてが記載されることは稀で，市場の使用条件や環境条件などから展開して決めることが必要になる．

(3) 故障の定義

故障[7]にはランプの断線のように，突然発生する突発故障と，プリンタの印字品質や騒音のように，劣化が進行して発生する劣化故障がある．機能喪失が認識しやすい突発故障に比べ，劣化故障ではその判断に個人差があり，開発段階では判断基準をあらかじめ決めておく必要がある．

また故障判断基準はできる限り技術的な特性値で設定するとよい．ただし，故障の判断に個人差などのばらつきが大きい特性では，図5.4のように連続するオペレーションの中での発生頻度や，全体の99.9%が満足するレベルを判定基準に設定するといった工夫が必要となる．

故障判断基準は，社会的な要求や競合製品との相対的な関係で変化するもので，信頼性データベースを更新して故障判断基準を見直すことは，信頼性試験の準備に欠かせない活動となる．

7) 「アイテムが要求どおりに実行する能力を失うこと」（JIS Z 8115：2019　192-03-01）．通常，アイテムがその機能を失う事象を指す．

- 連続する3つのJobで，画像欠点がk回以上発生
- ××回動作後，既定の応力で操作部に亀裂が発生(右図参照)
- 1週間に，n回以上同一の軽微なエラーコードが発生

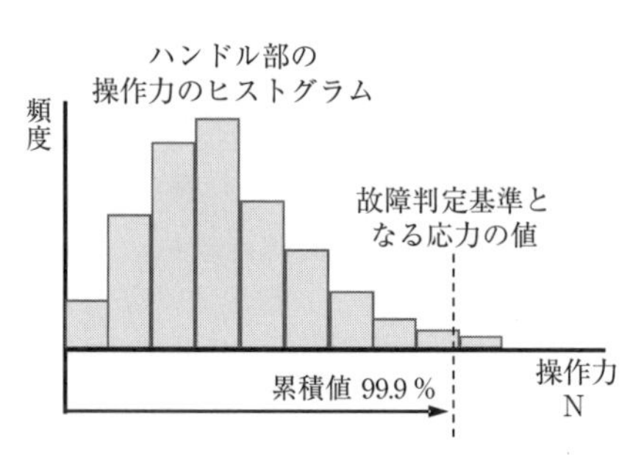

図5.4　機器の故障判断基準例

(4)　判定の危険率

抜取試験である信頼性試験では，誤った判断をする危険の確率(危険率)の決定が求められる(図5.5のαおよびβ)．危険率を小さくすると試験規模は大きくなるので，製品開発に与える影響は大きなものとなる[8]．

危険率は判断を誤った場合の損失や挽回の可能性を考慮して決めるものである．誤った判断をどこまで許容するかは，実際の製品開発ではリスクマネジメ

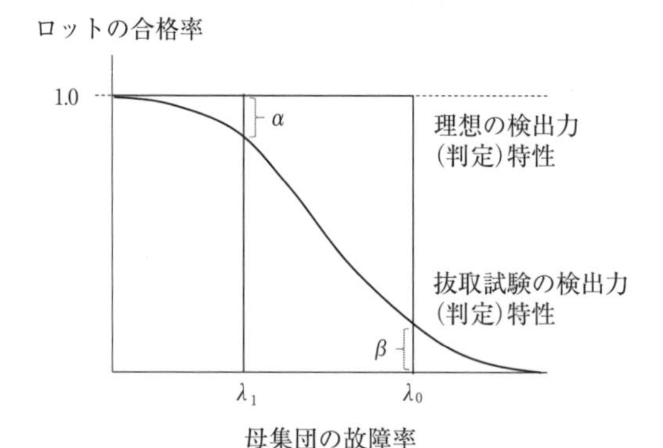

合格としたい故障率：λ_0

不合格としたい故障率：λ_1

抜取試験では「不合格品を合格と判断する誤り(β)」，「合格品を不合格と判断する誤り(α)」が存在する．このαとβが小さいほど，試験規模は大きくなる．

図5.5　OC曲線と危険率

8)　本シリーズ『信頼性試験技術』(2019年)参照．

ントに欠かせない情報で，経営上の重大な関心事である．また，納期の関係で試験規模の縮小が要求されることも多いが，その結果，判断のリスクが大きくなることを理解して，試験規模を決める必要がある．

(5)　信頼性目標値と故障期間

信頼性試験では扱う故障期間(初期，偶発，摩耗)は重要な要素となる．初期故障期は時間経過とともに故障率が下がるために，長期間の信頼性試験よりもサンプル数が多いほうが効率的な試験となる．

偶発故障の場合は故障率(MTBF/MTTF)が一定なので，試験規模はサンプル数に関係なく総試験時間(コンポーネントアワー)で決まる．ただし，実際の信頼性試験では初期故障の除去や時間経過に伴う故障内容の変化の把握を考えて，サンプルあたりの試験時間の確保や適切な保全作業の準備が必要となる．

摩耗故障はストレスの蓄積が原因なので，時間経過とともに故障率が大きくなる(図 5.6)．そこでサンプルあたりの試験時間が長いほど故障が発生しやすくなるので，効率のよい試験ができることになる．

いずれの場合も信頼性データベースに故障のワイブルパラメータや故障メカニズムの情報の蓄積が試験条件の検討に役立つ．

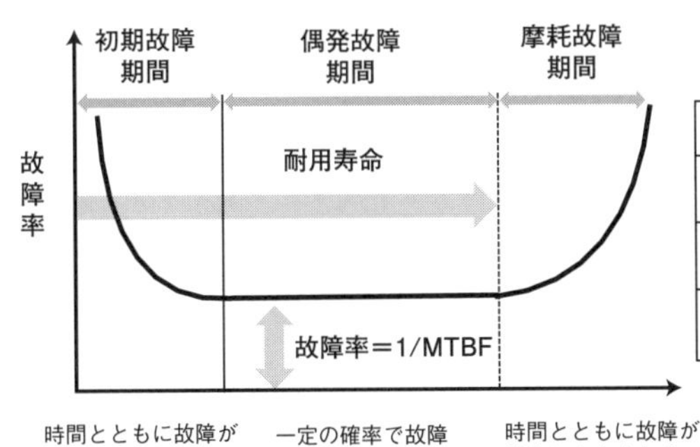

	主なねらい	試験準備での注意
初期	初期故障の検出	サンプル数を多く確保する
偶発	故障率の検証	総試験規模(コンポーネントアワー)を確保
摩耗	耐用寿命の検証	サンプルあたりの動作時間を増やす

図 5.6　バスタブ曲線と故障期間の特徴

5.3 信頼性試験の計画

5.3.1　計画作成時の注意

信頼性試験の計画書には試験条件と期間，報告の納期だけでなく，製品開発活動との関係がわかる計画作成が望ましい．

信頼性試験は製品の信頼性を改善するために行うもので，信頼性目標達成の判定よりも，改善のトリガーとなる情報が重要である．すなわち，信頼性試験の失敗とは不合格となることではなく，製品開発にとって役立たない情報しか得られないことである．そこで試験計画には以下の点を明確するとよい．

- 製品開発の該当フェイズと試験目的
- 製品開発スケジュールとの同期とサンプルの仕様，設定など
- 試験対象のアイテムとその機器構成
- 故障の判定基準と合否判定の危険率
- 試験でカバー可能な故障メカニズムと試験条件
- サンプルの仕様，製造条件，試験可否の判断方法
- 分析の方法と報告の時期

信頼性試験計画の基本は，製品開発に提供する情報とその精度とタイミングを示すことである．代表的な試験計画の要件例を表5.3に示す．

5.3.2　計画に必要な情報

信頼性試験を計画する際には，以下の情報を収集するとよい．

(1)　アイテムの設計情報，構造

アイテムの構造を検討することで，内在する固有の弱点や特定の故障メカニズムを明らかにできる．例えば，アイテムの構造を信頼性ブロック図[9](図5.7)で表現するといった方法でボトルネックとなりうるサブアイテムが明らか

表 5.3 試験計画の要件例

	計画の内容	備考
目的	試験の目的	該当フェイズ 得たい情報の内容や信頼水準
試験対象	対象のアイテム システムの構成や制約	機器構成と開発フェイズ
スケジュール	試験期間とスケジュール	開始条件，中断条件，終了条件
試験体制	組織役割 人員の配置	試験の継続，故障判断の責任者など 計測，保守，設備保全など
試験条件	環境ストレスの条件 オペレーション条件	サンプルごとの試験条件 オペレータの教育訓練
動作条件	アイテムの動作条件 / 負荷条件	サンプルごとの動作 / 負荷条件
計測条件・間隔	測定項目と測定条件 計測インターバル	使用する計測器 計測方法
故障判断基準	故障の定義と判定条件	判定方法，最終判断者
試験規模	サンプル数と総試験規模	サンプルごとの試験規模 サンプルの仕様
報告時期	中間，最終の報告時期と内容 報告のインターバル	分析の内容と信頼水準 制約条件，付帯条件など

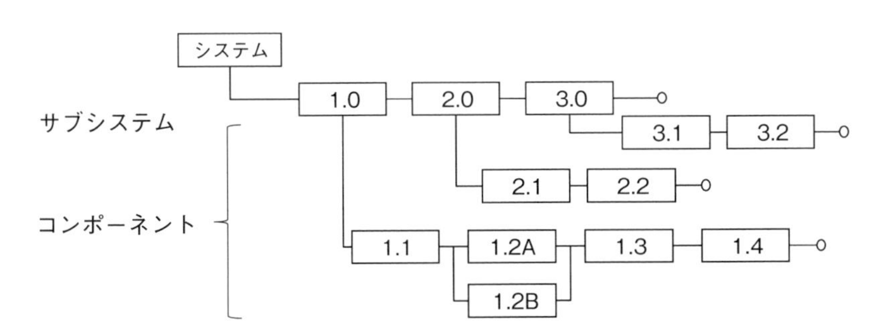

出典）「JUSE 信頼性技法実践講座 FMEA/FTA」より抜粋・追記

図 5.7 信頼性ブロック図

9）「ブロックで表現した下位アイテムの信頼性及びそれらの組合せの信頼性が，システムの信頼性へどのように影響するかを示す，システムの論理的かつ図式的な表現」（JIS Z 8115：2019　192-11-03）

になる．また，信頼性試験で検証する範囲の限定や分離試験の検討も可能になる．

(2)　市場の環境や使用条件

市場における設置環境や使い方の情報は，アイテムの故障を想定するのに不可欠で，要求仕様だけでは表現できない情報を提供する(図5.8)．こうした情報の蓄積がFMEAとの比較や効果的な検証につながる．

(3)　試験期間やサンプルなどの制約条件

製品開発スケジュールに合わせて，必要な情報を限られたリソースの中で得るには，試験可能なサンプルや試験装置の有無などの制約条件を調査する必要

環境条件	想定される故障形態
高温	樹脂・ゴム劣化，摺動部焼き付き
低温	シール部漏れ，作動負荷増大
冷熱	シール部ガスケットへたり，はんだ亀裂
湿度	樹脂強度低下
悪路	車体疲労亀裂，ブッシュ破損，樹脂脆化
砂利道	飛び石による塗装剥がれ，ガラス破損
泥水，多塵	フィルタ詰まり，摺動部摩耗，抵抗増加
雪，雨，浸水	電気系漏電，腐食，錆
塩水，融雪剤	車体・足回り錆，腐食
電波，磁気	電子部品誤作動
紫外線	樹脂脆化

使用条件	想定される故障形態
高速走行	摺動部摩耗
加減速	ブレーキ，タイヤ，ギアの摩耗
高出力走行	ミッション摩耗，ベアリング摩耗
始動	バッテリー劣化，始動部劣化
旋回動作	タイヤ摩耗，ベアリング損傷，ギア摩耗
積載条件	車体疲労，サスペンション劣化
牽引	車体疲労，変形
坂道走行	ブレーキパッド摩耗
操作	各部スイッチ疲労，レバー・ペダル損傷
運航頻度	車両各部の摩耗，バッテリー劣化
距離	車両各部の摩耗，耐久性低下

図5.8　環境条件や使用条件と故障形態の例(自動車)

がある．ハードウェアがそろっていても，制御するソフトウェアが不十分で適切な検証ができないことも多い．サンプルの出来栄えから信頼性試験で設計検証が可能な範囲を明確にすることで，開発計画全体のリスクマネジメントに生かすことができる．

5.4 信頼性試験の実施・運営

信頼性データの特徴は時間という属性をもつ点で，どの時点まで故障が発生しなかったのかという情報も重要になる．そこで信頼性試験は計画どおりに進行させることが必要で，故障時に対策という名目で試験条件や動作条件の変更やサンプルに変更を加えるといった運営には避ける必要がある．また，試験開始前のオペレータの教育訓練はもちろん，試験中の試験オペレーション(作業)

表 5.4 信頼性試験の 4M2S

管理要素	管理項目の例
人	試験の目的と計画の理解 オペレーションに関する十分な訓練 故障判断基準の理解や計測の資格
試験設備	安定した試験条件を提供する設備や計測器の管理 特殊な試験装置の点検記録 設備の稼働状況に関する記録と追跡性
試験材料	試験に使用する材料の特性管理や保管管理 定期的な特性の確認 サプライヤの品質情報の確認
方法	試験手順や操作方法，計測方法の標準化 試験データの記録，分析方法の標準化
スペース	試験環境の均一さの確保やサンプル間の干渉防止 充分な作業スペースの確保
仕組み	試験運営や故障発生時の手順の標準化 計測，報告，サンプルの現状維持など

についても，その4M2Sを管理する手順を決めておくとよい(表5.4).

5.4.1　設備

信頼性試験では特殊な設備や計測器を使うことが多い．こうしたストレスの印加やその影響を測定する設備や計測器の管理には十分に注意する必要がある．管理が十分でない場合には信頼性試験で得られた情報自体に価値がないことになり，開発活動にも重大な影響を与える．日常点検や定期点検，計測手順の標準化などは重要で，その確認と記録にも留意するとよい．

5.4.2　試験材料

消耗品はストレス印加の媒体となるもので，試験条件で決められた種類のストレスがアイテムに適切に加わるとともに，ノイズや余計なストレスが加わらないような注意が必要となる．例えば，事務機では用紙走行して試験を行うが，紙粉やpH，含水量など試験によって重大な影響をもたらす．試験に用いる消耗品や試薬，材料の管理も同様に重要となる．

5.4.3　教育・訓練

故障を扱う信頼性試験では，計画どおりの試験手順と故障の確実な判断が求められる．また計測器を含め試験の実施者に対する教育・訓練は信頼性試験を成功させる需要な要素となる．その範囲は広く，試験運営や計測だけでなく，報告書の記載内容とタイミング，異常時の処置と報告手順など多岐にわたり，試験によっては認定制度を用いる場合もある．

5.4.4　報告

結果報告は，効率的な製品開発につながるタイミングで行う必要がある．データの収集や分析に時間をかけすぎ，製品開発に反映するタイミングを逸することは避けるべきで，試験の目的と収集する情報について関係者間で合意しておく必要がある．試験の結果から新たな是正処置の必要が生じることは十分にあるので，報告が遅れるリスクは製品開発全体で考えることが大切である．

(1) 報告での注意

信頼性試験結果をアイテムの改善に生かすには，客観的な事実に基づく報告とヒントとなる情報の提供が求められる．例として以下のようなものがある．

- 故障の内容，発生経緯，ストレスとの関係に関する詳細な記述
- 発生パターン，故障率推移(初期 / 偶発 / 摩耗)，特性値データの解析
- 予測される故障やシステムへの影響に関する検討結果
- 設計仮説との差異，前任機の実績との比較や推移　など

製品開発に有効な情報の種類，適切な解析方法と報告タイミングは事前に関係者間で合意しておくとよい．こうした解析結果と報告の蓄積が信頼性データベースの拡充につながる．

(2) 不具合情報の記録

製品開発活動の中で設計変更は様々なタイミングで行われるのに対して，試験結果は試験に用いたサンプルの情報であり，最新の設計の結果ではない．試験で発生した故障は，設計段階や試験の計画段階で発生が予測できなかった情報で，故障サンプルは極力原状維持して，関係者による調査が必要である．

その際に，印加されたストレス情報は信頼性試験計画を参照できるが，記述しきれない情報は多い．「数と時間の壁」がある信頼性試験では，図 5.9 に示すような試験結果に関連する情報をきめ細かく採取する必要がある．

これらの情報は「層別」を可能にして，改善を助けるものになる．

5.5 試験時間の短縮

近年の製品では信頼性が向上し，その検証には多くの時間やサンプル数を要する．また，実際の信頼性試験ではしばしば，「予想以上に不具合が発生して

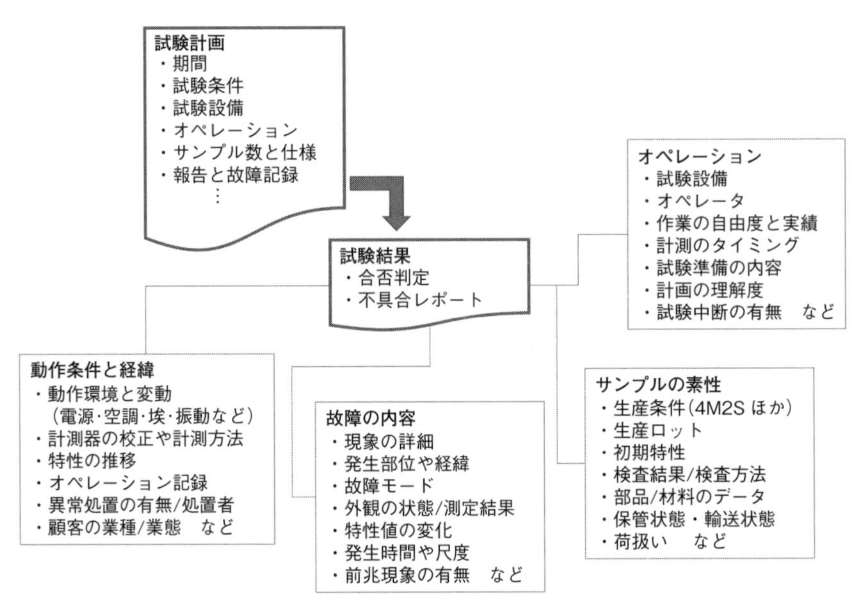

図 5.9　試験の関連情報(一部)

計画どおりに進まない」,「サンプルの仕様の不備が途中で判明した」,「特定の故障についての改善効果を早く確認したい」といった事態が発生する．製品開発の都合で試験期間の短縮が必要となる例も多く，こうした際に，試験責任者は製品開発における信頼性試験の役割を理解して，適切な判断と処置に基づいて，試験期間の短縮を検討することになる．

5.5.1　試験時間の短縮と加速試験

定時打切りなどの信頼性試験方法は，信頼性が高いほど試験規模が大きくなる．そこで製品開発では，試験規模の短縮が大きな課題となる．

故障は「物質がストレスの影響で，時間をかけて安定状態に移行した結果」と考えられるので，実際よりも大きなストレスで試験を行うことで，故障メカニズムを加速し試験時間が短縮させる試験を加速試験[10]と呼ぶ．

10)　加速試験は，故障の顕在化をねらう場合もある．本シリーズ『信頼性試験技術』(2019年)参照．

加速試験には故障率加速試験と寿命加速試験があり，アイテムの信頼性特性に応じて使い分ける．また，近年は定性的な加速試験と呼ぶ故障現象の顕在化が目的の試験も併用して信頼性の改善に活用している．

5.5.2　加速試験とその方法

加速試験の基本は，故障物理モデルから同じ故障メカニズムであることで，故障解析の結果に基づいて加速が成立することの判断が必要となる．

(1)　特性値の推移の利用

故障はストレスの影響でアイテムの特性値が変化することで発生する．材料特性や摺動部の摩耗量，マイグレーションや抵抗の変化，AE での SN 比などアイテムの特性値と故障との関係が既知の場合，その推移を監視することで，早い段階での判断が可能となる．これは判定加速と呼ばれる方法で，故障原因の除去や影響緩和のための情報を得ることができる(図 5.10)．

判定加速では，時間と劣化量の相関の強い故障メカニズムと特性値を取り上げる．同一時間における特性値のばらつきは他の要因の影響と考えられるので，これには信頼性データベースに蓄積した情報や技術的な検討だけでなく，ばらつきの大きさに注目して仮説の妥当性を検討するとよい．

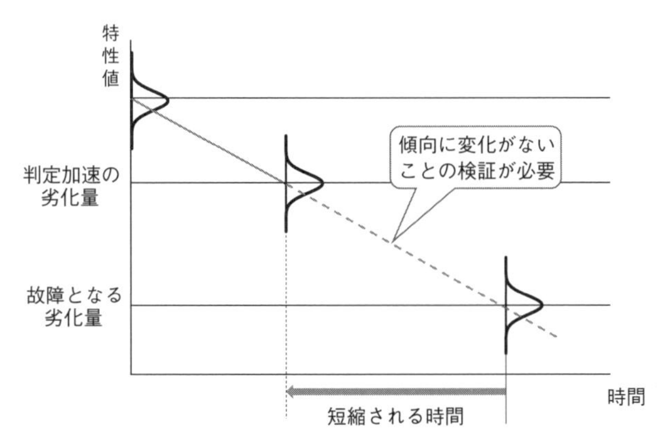

図 5.10　判定加速

なお，特性値の推移から故障時期を予測する方法は統計的には外挿となる．可能な限り試験を継続して，その推移に変化がないことを確認すべきである．

(2) マイナー則の利用

実際の使用条件では，ストレスの大きさは一定でなく，断続的に加わる．こうした際のモデルに，図 5.11 に示すマイナー則がある．

マイナー則は，ストレスの大きさに応じて，アイテムが本来もっている寿命を食い潰しながら劣化が進行する場合の代表的なモデルである．

材料疲労などの場合で，ある材料に S_1 のストレスが n_1 回，ある材料に S_2 のストレスが n_2 回加わる場合を考える．このモデルはストレスが S_1，S_2 のときに疲労破壊が発生する回数をそれぞれ N_1，N_2 とすると，この材料に累積される疲労の累積値 $(n_1/N_1)+(n_2/N_2)$ が合計 1 になったときに材料に破壊が発生するというもので，アイテムにかかるストレスの大きさと回数がわかれば，これを利用して寿命が予測でき，設計的な余裕の大きさがわかることになる．

例えば S_1 のストレスで 10 回，S_2 のストレスで 1000 回の寿命をもつアイテムで，S_1，S_2 のストレスがそれぞれ 5 回，100 回と 3 回，200 回が加わる場合

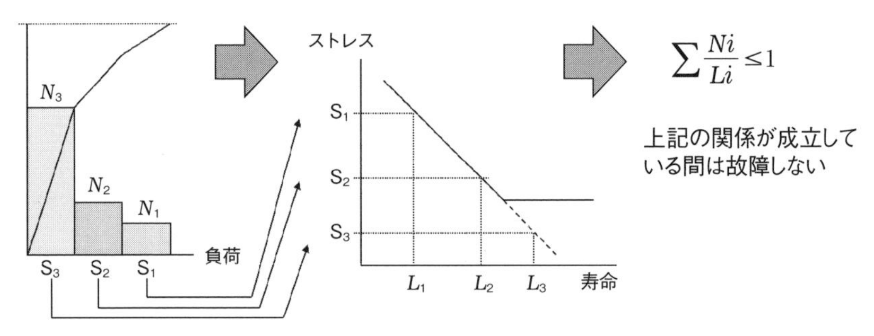

操作時に荷重がかかる部品の解析例で，市場の調査結果から数種類の大きさの負荷 $(S_1 \sim S_3)$ が $N_1 \sim N_3$ 回かかることがわかっている．

このような場合対象となる部品の S-N 曲線からマイナー則を用いて設計余裕をもった設計をすることができる．

図 5.11 マイナー則

を考えてみる．前者は60%(5/10+100/1000)，後者は50%(3/10+200/1000)の寿命が食い潰されるので，後者のほうが設計的な余裕があることになる．また$(n_1/N_1)+(n_2/N_2)=1/L$とおけば，それぞれの使用条件での寿命が算出できる．

(3) ストレス－強度モデルの利用

ストレス－強度モデルは，アイテムの強度以上のストレスが加わると破壊(故障)するという材料強度的なモデルである．強度分布とストレス分布の関係を考えると，劣化がなくても故障は分布の重なり具合で発生する．ストレスがランダムに加わる場合，故障は偶発的に発生する．この強度分布の下限とストレスの分布の上限の距離が設計余裕(安全余裕)に相当する．

図5.12のように劣化がある場合に，最初$(t=0)$は十分な設計余裕をもつので故障しないが，時間の経過とともに設計余裕は減少してストレスが強度を上回る確率が大きくなる．こうしたモデルを劣化型ストレス－強度モデルと呼び，時間の推移と故障率の変化を予測する際に用いる．このモデルに従うことがわかっている場合には，ストレスを意図的に大きくするか強度を弱くする，あるいは劣化を早めるといった方法で，加速させることができる．

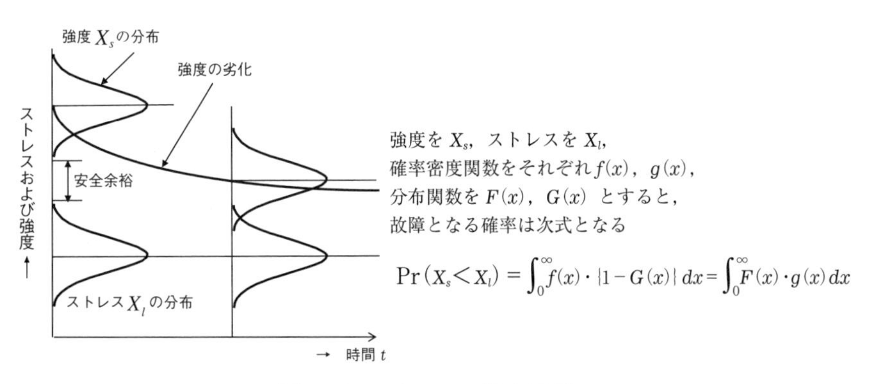

図5.12 ストレス－強度モデル

5.5.3 直交表の利用

信頼性試験では多くの使用条件を網羅的に確認することが求められる．特に

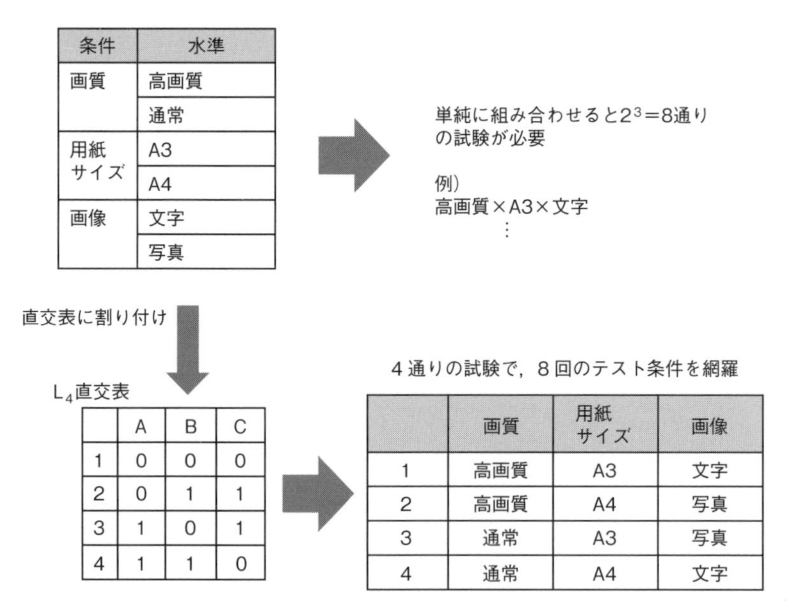

図 5.13　直交表の例

複雑な機器では，多くの故障メカニズムが内在し，使用条件も広範囲にわたる．また製品の多機能化で，その確認には多くの条件の組合せが要求される．さらには近年の製品はソフトウェアの比重が大きく，条件の組合せは膨大で，その欠陥が顕在化して初めてわかる場合も多い．

こうした場合，図 5.13 に示すように，直交表を利用することで，少ない組合せで多くの条件を網羅することで試験の効率化を図ることができる．

5.6

効率的な試験の実施

効率的な信頼性試験とは，信頼性を改善し，設計の質を向上させる価値の高い情報を短時間で得るもので，適合性判断や推定はその過程に過ぎない．信頼性の不具合は，設計的に十分検討したうえで発生するものであり，信頼性試験には，設計余裕の検証と想定できなかった故障の情報が求められる．

5.6.1　定形的な試験の利用

部品や材料ごとに標準化された試験を定形的な試験[11]という．定形的な試験はJIS，MIL，IECなど国内外で多くが規格化されている．表5.5はJIS化されているコンデンサの耐用性試験の例である．こうした試験法は，アイテムの構造や動作原理，使用技術，故障モードなどが類型化され，故障メカニズムが既知の場合に効率のよい試験ができる．また，これまでの故障経験が試験条件や判断基準に反映されており，データの引用や比較が可能という特徴をもつ．

一方で，定形的な試験は特定のストレスと故障の関係に絞るもので，故障メカニズム，故障モードが同じであることが適用の前提となる．また，定形的な試験の結果から，特殊な使用条件や環境条件での信頼性の判断をすることは難しい．同じ理由で新規性が高い，また故障メカニズムが明確でないアイテムには適用が難しい．実際の使用条件における信頼性の確認を定形試験だけに頼ることは困難で，場合によっては予備実験や市場の使用実態に合わせた試験を組み合わせることが必要となる．

表5.5　コンデンサの定形的な試験の例

項目	電動機用			
試験温度　℃	最高許容温度 ±3			
試験電圧　V	定格電圧 ×1.4(蒸着電極コンデンサ) 定格電圧 ×1.5(はく電極コンデンサ)			
電圧印加方法	2秒印加　2秒休止(15回/min)			
通電時間区分　h	40,000	25,000	10,000	2,000
試験サイクル　回	10×10^4			2×10^4

条件：恒温槽内で，50または60Hzの正弦波の試験電圧を連続印加

出典）　JIS C 4908：2007 「電気機器用コンデンサ」10.10 a)連続耐用性試験より抜粋

11)　アイテムの本質的な強度を確認する目的で標準化された試験法．企業独自の試験法以外に，例えば国家機関または業界団体が定めた試験がある(JIS Z 8115：2019　192J-09-106/111)．

5.6.2　定性的な加速試験[12]の利用

信頼性の不具合は瑕疵や劣化だけでなく，設計段階で意図しなかった使用条件や社会的な要求の変化でも発生する．そこで，開発段階で具体的な故障を発生させてその原因を除去する，あるいは影響を緩和させるという手法は，信頼性の改善に有効な手段である．故障現象を積極的に顕在化させる目的で行う試験を定性的な加速試験と呼び，具体的にはHALT[13]などの方法がある．

定性的な加速試験は，要求仕様や使用条件に関係なく厳しいストレスを加え，設計段階で想定できなかった潜在的な故障を顕在化させるもので，改善が必要な技術課題を具体的にすることができる(図5.14)．

HALTのような定性的な加速試験は，潜在的な故障の可能性の情報を提供するもので開発の初期では有効な場合が多いが，故障率や寿命といった信頼性

試験条件	試験結果	推定原因
低温	−70℃で起動不安定 −75℃で動作 破壊限界は確認できず	5V，3.3Vの起動 不安定 リップル
高温	+125℃で出力の12V消滅 破壊限界は確認できず	内部温度上昇
振動 20℃一定 5min毎に5Grms上昇	25Grmsでネジの緩み 40Grmsで出力不安定	ねじ締結の不足 手はんだの不具合
温度サイクル −70℃から＋125℃ 保持時間4～10分	20サイクルで問題発生なし	
温度サイクルと複合振動 −70℃～＋125℃ 5G～25G	部品の落下 5V出力不安定	不適切な部品固定方法 要調査

ストレスは温度ストレスから，振動，サイクル，複合と順次増加

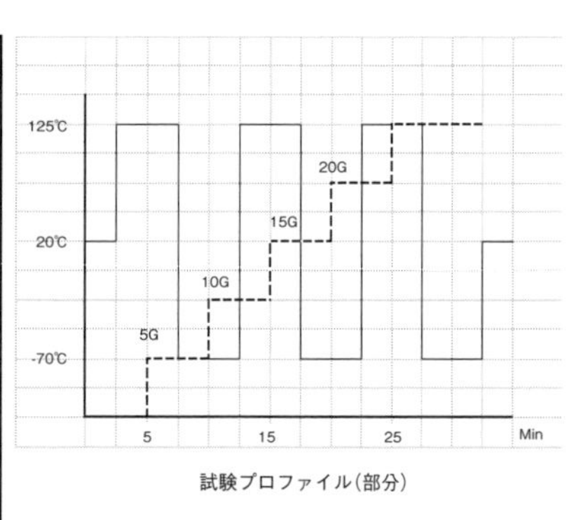

試験プロファイル(部分)

図5.14　HALT条件の例

12)　物理化学的な変化の促進ではなく，大きなストレスで故障現象を顕在化させる試験．設計に内在する弱点の早期発見が目的で，加速係数に基づく信頼性特性値の推定に向かないことから定性的と分類している．これに対して，故障メカニズムに基づく加速試験を定量的な加速試験と呼ぶ．

13)　Highly Accelerated Limit Testの略．本シリーズ『信頼性試験技術』(2019年)第5章参照．

特性値を測ることはむずかしい．また，ともすれば実際には発生しない故障やアイテムの物理的な限界を超えたことによる故障が発生する．そこで，実際の使用条件で発生する故障メカニズムかどうかを含め，故障の重要度についての解析が必要で，発生した故障現象だけでなくストレスの種類や大きさ，印加方法の記録が重要となる．

コラム

割の合わない仕事

信頼性試験は，不具合が発生すれば「厳しすぎる」と文句を言われ，何もなければ「不要だった」と言われ，問題が起きれば「何をしていた！」と怒られる．実に理不尽というか，割の合わない仕事である．

「試験」という名前が悪いのかもしれないが，信頼性試験は，どうしても結果に注目が集まる．

信頼性技術者は，設計の出来栄えを評価し，将来の不具合を防止するための情報を得て，改善のための設計テーマを見つける，という信頼性試験の目的を，もっと啓蒙すべきである．

【第5章の演習問題】

[問題 5.1]　バンパーに使用される部材の寿命はマイナー則に従うことがわかっており，試験結果からストレスレベル S_1 では 1.2×10^6 回，S_2 では 9.6×10^7 回，S_3 では 4.4×10^9 回の寿命であった．市場で走行 1km あたり，レベル S_1 は 3 回，S_2 は 24 回，S_3 は 110 回のストレスが加わる場合，この部材の寿命はどのくらいと考えられるか．

ア．約 16 万 km　　イ．約 26 万 km　　ウ．約 36 万 km

エ．約 46 万 km　　オ．約 56 万 km

第5章の参考文献

［1］ 山悟：「信頼性七つ道具　信頼性試験」，『クオリティマネジメント』，Vol.61，No.12，2010 年．
［2］ JIS Z 8115：2019「ディペンダビリティ（総合信頼性）用語」
［3］ 塩見弘，久保陽一，吉田弘之：『信頼性試験―総論・部品』，1985 年．
［4］ IEC 62506：2013 “Method for product accelerated testing”
［5］ 信頼性技術叢書編集委員会監修，益田昭彦編著，鈴木和幸，原田文明，山悟，横川慎二著：『信頼性試験技術』，日科技連出版社，2019 年．
［6］「日科技連信頼性技法実践講座　FMEA/FTA テキスト」，日本科学技術連盟．

第6章

故障解析

最初に，「故障解析」が「信頼性七つ道具(R7)」の中でどのような位置付けにあるかを見る．

その後，故障解析七つ道具(FA7)を用いている故障解析手法を紹介する．一般的には FA7 といわれることはないが，ここでは R7 を真似て FA7 と呼び，光，電子，イオン，X 線，超音波，磁場，固体プローブの 7 つの道具を選んだ．個々の道具が具体的にどのような故障解析手法に使われているかを紹介する．

また，FA7 以外の道具としてソフトウェアが使われている故障解析手法として，故障診断法を紹介する．

なお，本章での故障解析の事例は主にシリコン集積回路(LSI：Large Scale Integrated Circuit)であるが，ここで示した故障解析手法は他の半導体デバイスや部品やプリント基板などにも適用されている．

6.1 はじめに

日常生活での故障解析は，年配の方なら若いころにいろいろ経験しておられる方も多いかと思う．照明手段としてまだ白熱電球が主流だったころのことである．主流にも関わらず，その寿命は短く，よく切れた．電球が点灯しなくなった際，簡単な故障解析を行った．磨りガラスの電球をソケットから外し，耳のそばで前後に振り，かすかな音を聞いた．フィラメントが摩耗し焼き切れると，断片が電球の中で剥がれる．電球を振ることにより断片が内壁に衝突し，「カシャカシャ」という音がした．

現在でも使われている故障解析手法に，似たようなものがある．PIND(Particle Impact Noise Detection：微粒子衝撃雑音検出法)と呼ばれている方法である．半導体デバイスのパッケージで内部が中空のセラミックや金属で出来たパッケージが対象である．パッケージ内部に微小な異物があると，パッケージを振ることで，異物がパッケージの内壁に衝突して小さな音が出る．この場合異物は微小なので音といっても人間の耳には聞こえない「超音波」であるが，解析の考え方は白熱電球の場合とまったく同じである．

故障解析で用いる手法には，残念ながら，このように日常生活で用いる手段と似たものはPIND以外にはほとんどない．このため，普段故障解析と関わりのない人にとって，故障解析手法の理解はそれほど容易ではない．理解を助けるために本章では，『信頼性七つ道具R7』[4]では網羅的に記述したため掲載できなかった故障解析事例も多く取り上げることとした．また，『信頼性七つ道具R7』[4]発刊以降に新たに開発されたか実用化が進んだ手法も取り上げる．

紙数の制限上，本章では手法の構成や原理の説明は大幅に簡略化した．また，取り上げる手法や事例も代表的なものに限定した．これらの詳細は参考文献や図のキャプションに示した引用文献を参照されたい．

本論に入る前に，「故障解析」が「信頼性七つ道具(R7)」の中でどのような位置付けにあるかを見ておく．

6.2

故障解析の R7 の中での位置付け

信頼性技術とは故障を制御する技術である．故障を制御するためには，故障の原因を徹底的に解明する必要がある．故障の原因を解明したら，その結果を基に対策を立て，故障の再発防止や未然防止を行うことで故障を制御できる．その過程で，R7 の他の道具も用いられる．

図 6.1 に R7 の中での故障解析の位置付けの一例を示す．他の R7 間の対応関係は個々のケースにより異なるので，一例として見ていただきたい．

図 6.1 に示すように使用中や信頼性試験(スクリーニング試験も含む)の際に発生した故障品の故障解析はワイブル解析(ここでは対数正規解析も含む寿命データ解析の代名詞として用いている)とともに行う．不良品の解析には故障解析手法だけでなく統計的手法を含む不良解析手法も用いられるが，ここでは触れない．いうまでもないが，時間的要素のない不良品の解析にワイブル解析は用いない．

故障解析とワイブル解析との関係をもう少し詳しく見てみる．図 6.2(a)に理

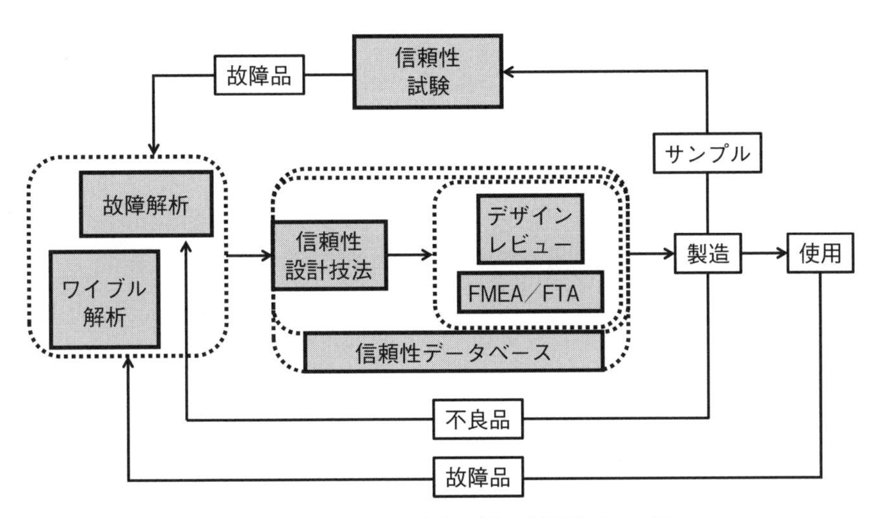

図 6.1 R7 の中での故障解析の位置付けの一例

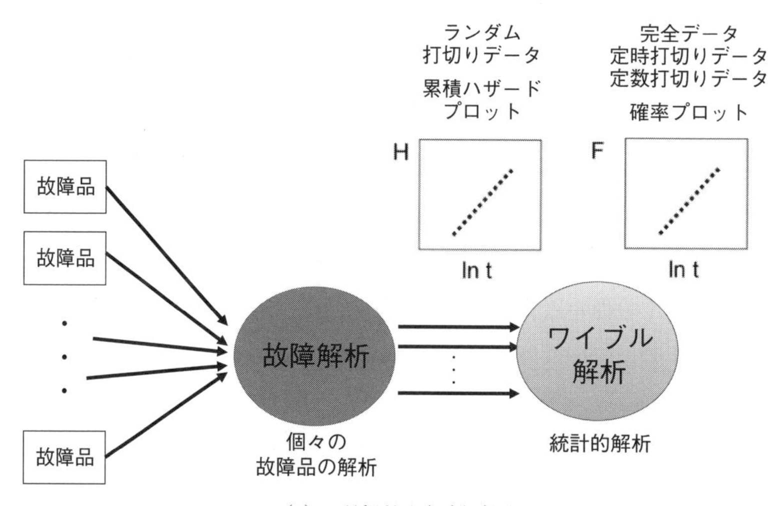

(a)　理想的な解析手順

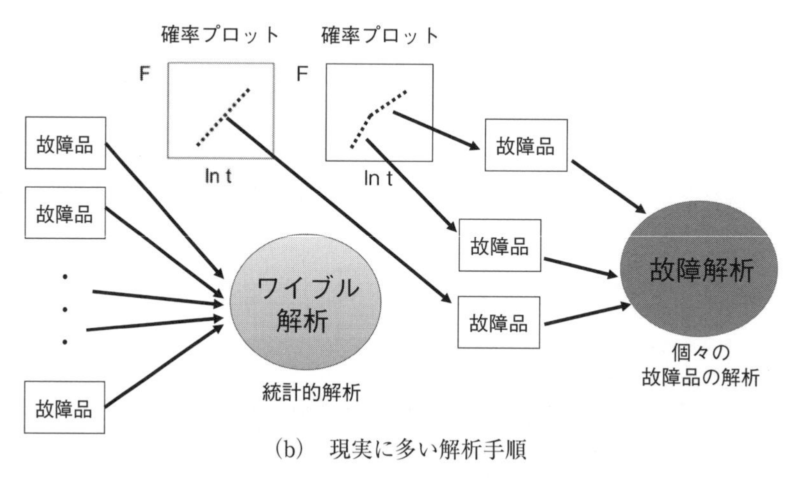

(b)　現実に多い解析手順

図 6.2　故障解析とワイブル解析との関係

想的な解析手順，図 6.2(b)に現実によく行われる解析手順を示す．

図 6.2(a)に示すように，理想的には，すべての故障品の故障モードと故障メカニズムを故障解析により明確にした後でワイブル解析を行う必要がある．その理由は，ワイブル解析する際に複数の故障モードや故障メカニズムが混在している場合にはハザード解析する必要があり，その際，対象外の故障モードや

故障メカニズムで故障したサンプルは打切りデータとして区別して扱う必要があるからである.

ただ，現実には，時間とコストの面から，すべての故障品の故障解析を実施できない場合が多い．そこで，図 6.2(b)に示すように，まずワイブル解析を行い，ごく少数のサンプルだけ故障解析する．プロット点が曲がるなどのデータの異常が見られた場合には，データ異常のサンプルで故障解析を実施するような場合が多い．プロット点が直線に乗った場合にも，寿命の長い故障品と短い故障品，中程度の寿命の故障品など複数の故障品をサンプリングして故障解析することはあるが，すべての故障品を故障解析することはまれである.

6.3 故障解析七つ道具(FA7)

一般的には故障解析七つ道具(FA7)といわれることはないが，ここでは R7 を真似て FA7 を選び，個々の道具が具体的にどのように使われているかを紹介する.

FA7 として，光，電子，イオン，X 線，超音波，磁場，固体プローブを選んだ.

6.3.1　光

故障解析では光による観察は基本中の基本である．光による観察を行うことで，形状と色の情報が得られるだけでなく，故障に関連した異常現象に伴う発光や発熱の検出もできる．また，光で電流を誘導したり加熱したりすることで，故障に関連した異常箇所の発見ができる．非破壊での解析が可能なので，他の解析を行う前に，まず光を用いた解析を行うことが多い.

目視(1 倍)，ルーペ(10 倍程度)，実体顕微鏡(数十倍～数百倍程度)，金属顕微鏡(数百倍～千倍程度)と倍率も様々な観察・解析が可能である．共焦点レーザ走査顕微鏡を用いると金属顕微鏡より高倍率かつ高空間分解能での観測・解析ができる．ただし，レーザは単一波長であるため，色の違いによる異常の観測ができない．このような欠点を補うために，レーザと白色光を組み合わせた顕微鏡や，3色のレーザを組み合わせた顕微鏡も開発・実用化されている．

光を用いた解析の利点には，波長を選択することにより「透明」となる物質を透過して観察ができることもある．例えば，半導体デバイスを代表するシリコン集積回路(LSI)の観察においては，シリコンを透過する約1μm以上の波長の光(近赤外光)を選ぶことで，シリコン基板の裏面側からの観測・解析が可能である．現在のLSIでは多層配線化とフリップチップ化が進んでいるため，LSIチップの表(おもて)面側からの観測は十分に行えない(多層配線の場合)か，まったく行えない(フリップチップの場合)ため，裏面側からの観測が重要である．

光を用いた解析の問題点は，空間分解能がサブミクロン程度までしか得られないことである．この限界は光の回折に起因するものであり，回折限界といわれ，光の波長の半分程度が限界である．このため，シリコンを透過する約1μm以上の近赤外光を選ぶことは，空間分解能を低下させるという副作用を伴う．

図6.3に可視光と近赤外光の反射像と空間分解能を比較した例を示す．633 nmの波長の可視光(赤色)の反射像では400 nmの分解能が得られているが，1300 nmの波長の近赤外光の反射像の空間分解能は800 nmである．

現在では，シリコン基板の裏面側に密着させて用いる固浸レンズ(SIL, Solid Immersion Lens)と呼ばれるレンズにより，この副作用を克服できる．固浸レンズの利用により可視光を用いる場合より高い空間分解能(0.2μm程度)が得られる．

図6.4にSILの構成と仕組みを示す．SILの素材にはいろいろなものが使われるが，ここではSiの場合で説明する．図中に空間分解能の定義を示す．空間分解能の定義には2通りある．2点がかろうじて分解できる場合と，完全に分解できる場合であり，図中の式は2点がかろうじて分解できる場合である．ここで，Δxは空間分解能，λは波長，nは屈折率(Siは3.5，空気は1)，θ

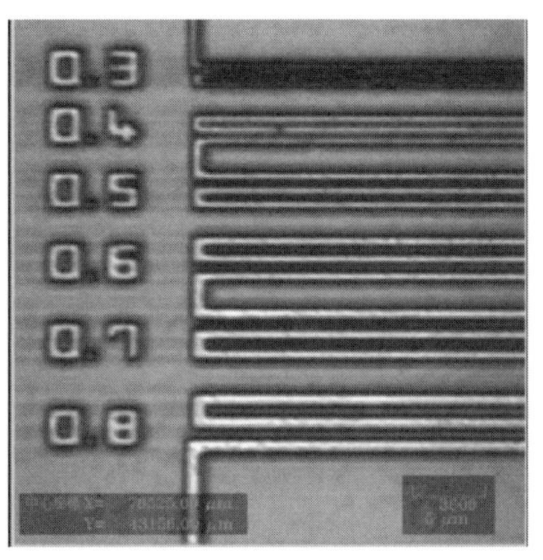

（a）　可視光：波長 633 nm
空間分解能：400 nm

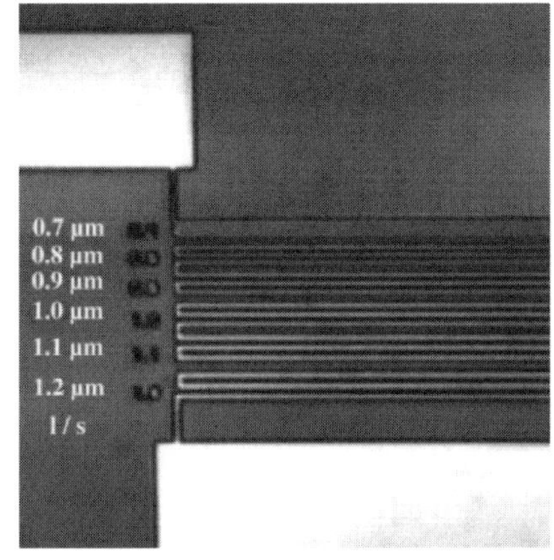

（b）　近赤外光：波長 1300 nm
空間分解能：800 nm

図 6.3　可視光と近赤外光の空間分解能の比較例：光学反射像

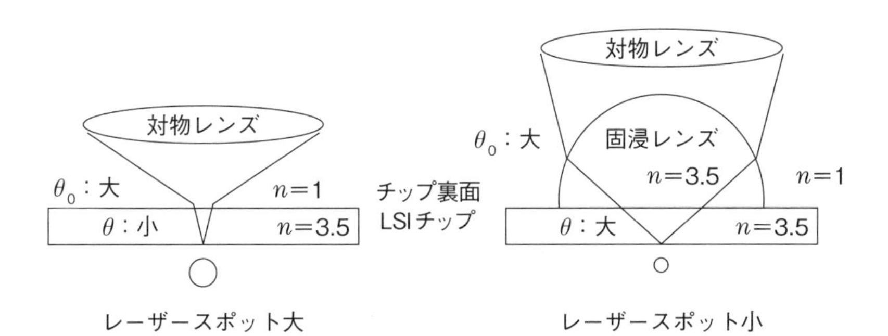

（a）　固浸レンズがない場合　　（b）　固浸レンズを使用した場合

空間分離能　$\Delta x = 0.5 \dfrac{\lambda}{n \sin\theta}$

λ：波長
n：屈折率
θ：入射光の集光半角

図 6.4　固浸レンズ（SIL）の構成と仕組み

は入射光の集光半角である．図6.4(a)のSILがない場合にはレンズからの θ が大きくても空気中からSi中に入る際に屈折し，Siチップ中では θ が小さくなる．このため n は3.5と大きいが $\sin\theta$ が小さいため空間分解能はよくならず(スポット径は大きく)，空気中で観測するときと同じである．一方図6.4(b)のSILがある場合は，θ が大きいまま集光できる．このためSiの屈折率3.5の値と大きい θ の値の両方を生かすことができ，空間分解能は向上する(スポット径は小さくなる)．

図6.5はSi基板を研磨し固浸レンズを作り込むことで理論分解能を実現した例である．図6.5(a)がSi基板裏側から1.3 μmの波長のレーザ走査顕微鏡で観測した像，図6.5(b)が寸法確認のためSi基板表側からSEM(Scanning Electron Microscope：走査電子顕微鏡)で観測した像である．固浸レンズを用いることで，1.3 μmの波長のレーザ走査顕微鏡での観測で0.18 μmの理論分解能が得られていることがわかる．

ただ，これではまだまだ微細な構造の観察には不十分である．より微細な構造の観測には，6.3.2項の電子の利用が必須となる．

電子の説明に移る前に，光を用いた故障解析手法の例を見ておく．

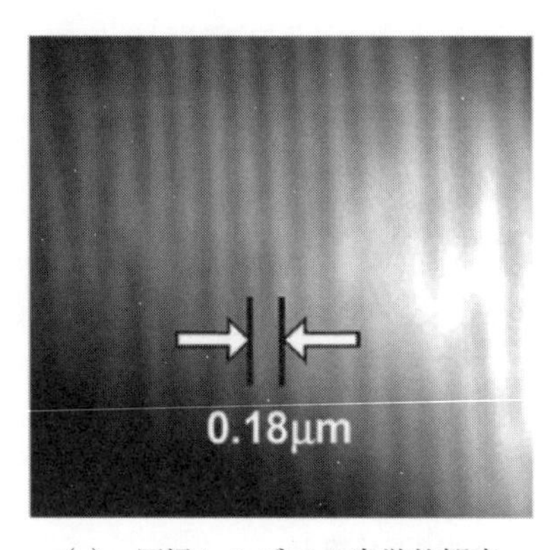

(a)　固浸レンズでの光学的観察

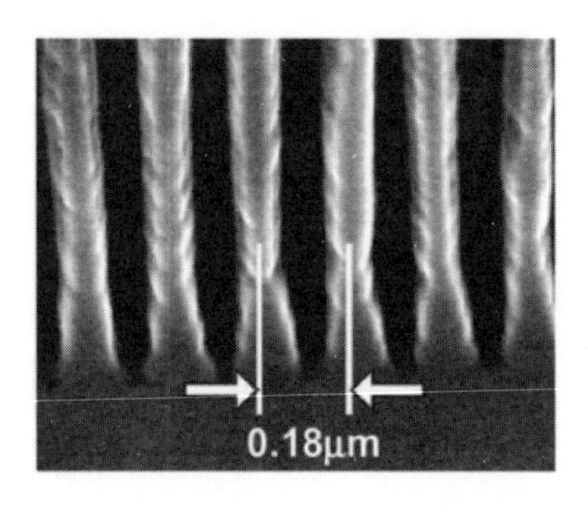

(b)　同様の箇所をSEM観察

出典)　小山徹氏提供

図6.5　固浸レンズで理論分解能を実現した例

(1) エミッション顕微鏡（PEM：Photo Emission Microscope）

故障関連箇所が光る場合が多いことを利用して，故障箇所を検出できることがある．Si デバイスでの発光は微弱であるため，高感度な光検出器である PEM を用いて観測する必要がある．代表的な発光箇所は，薄い絶縁膜のリーク箇所や，断線やショートにより入力が不安定になったトランジスタである．図 6.6 に不安定な状態になったトランジスタが発光している例を示す．不安定になった原因は図 6.6(a) で発光群 A と示したトランジスタ群と発光群 B と示したトランジスタ群の両方に共通の配線がショートしたためである．ショートした箇所の断面の SIM（走査イオン顕微鏡）像を図 6.6(b) に示す．このようにたった 1 カ所のショートで 19 個ものトランジスタが発光した．

故障箇所自体が発熱して発光する場合も多い．このような箇所から発生する近赤外光を PEM で検出することで，故障箇所を検出することもできる．図 6.7(a) に LSI チップ上の発熱箇所から発する近赤外光を PEM で検出した像，図 6.7(b) にその断面を SIM（走査イオン顕微鏡）で観測した像を示す．配線の

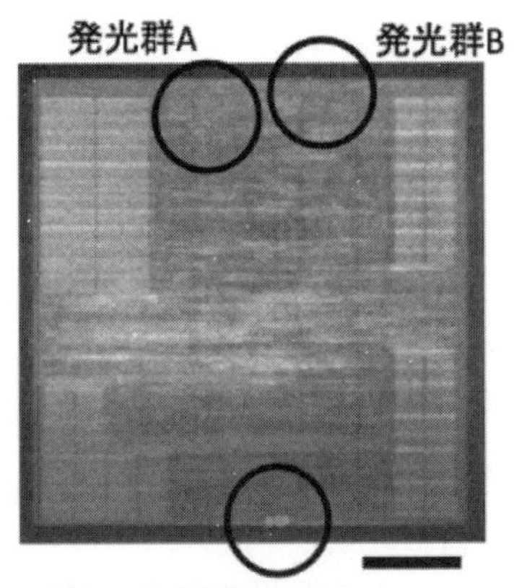

(a) 19 カ所で異常発光

(b) 原因は 1 カ所のショート（SIM 像）

出典） 二川清：『新版 LSI 故障解析技術』，pp.136-137，日科技連出版社，2011 年．

図 6.6 配線ショートにより不安定になったトランジスタの大量発光（口絵参照）

(a)　近赤外光像

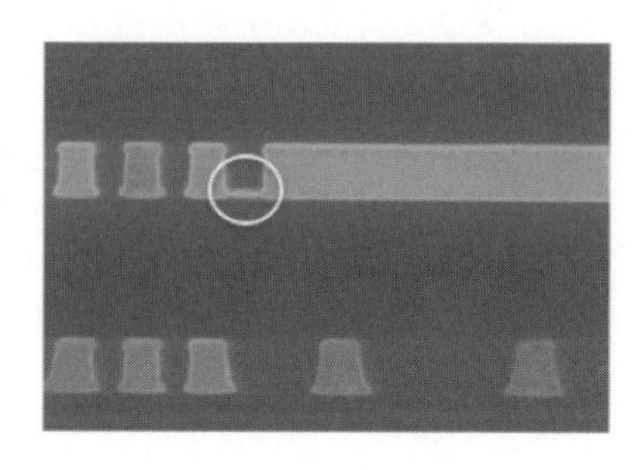

(b)　断面SIM像

出典）　二川清：『新版 LSI故障解析技術』，pp.130-131，日科技連出版社，2011年.

図6.7　発熱箇所の近赤外光のPEMによる検出(口絵参照)

下部でショートしていることがわかる．このショートによりジュール熱で発熱・発光したものである．PEMを用いた発熱箇所の検出は(3)で述べるLIT(Lock-In Thermography：ロックイン利用発熱解析法)より検出感度は悪いが，空間分解能は高い．

(2)　OBIRCH(Optical Beam Induced Resistance CHange：光ビーム加熱抵抗変動検出法)

レーザビームを照射した際の加熱効果を利用した解析法をOBIRCH(オバーク)という．光ビームとして波長1.3μmの近赤外レーザを用いたものが最もよく用いられる(IR-OBIRCH)．レーザ照射加熱効果により，電流が流れる経路が可視化でき，その空間分解能は最高でサブミクロンが得られている．6.3.6項で述べる磁場を利用し電流経路を見る場合の空間分解能(数十μm)よりはるかに高い空間分解能で観測できる．レーザ照射加熱効果によりさまざまなタイプの欠陥の検出ができることも知られている．

図6.8(a)にレーザビーム加熱により可視化できた異常電流の経路(黒いコントラスト)と，その異常電流が流れる原因となったショート欠陥(白いコントラスト)を検出した例を示す．図6.8(b)は検出した欠陥部の断面をTEM(透

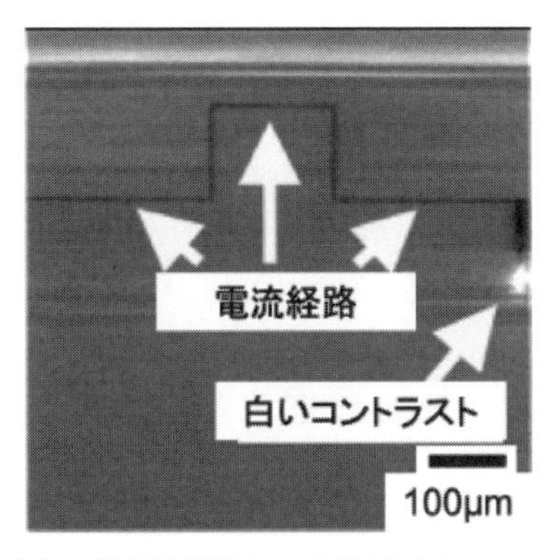

(a) 異常電流経路の可視化とショート欠陥検出

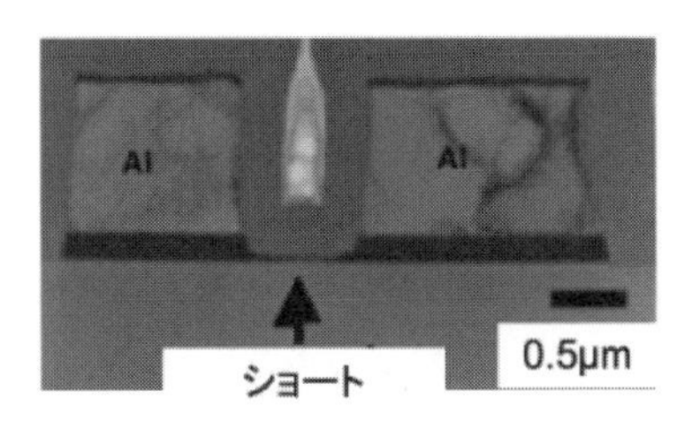

(b) 白いコントラスト箇所の断面TEM像

図 6.8 レーザビーム加熱による異常電流経路の可視化とショート欠陥検出

過電子顕微鏡)で観察した結果である．このような断面の出し方は 6.3.3 項で，TEM は 6.3.2 項で説明する．

(3) LIT(Lock-In Thermography：ロックイン利用発熱解析法)

LIT は赤外線を検出することで発熱箇所を絞り込む際，ロックイン法を適用することで S/N(信号対ノイズ比)を向上させ，感度と空間分解能を高めた手法である．ロックイン法とは，変調をかけた周波数成分のみを取り込むことで，S/N を高める手法である．LIT は数 μm の空間分解能があるので，パッケージだけでなく，チップ部の解析にも利用可能である．チップ部を解析する際に，パッケージを開封しなくても解析できるのが特徴である．図 6.9 にロックイン法を利用することの効果を示した観測例を紹介する．(a)が通常のサーモグラフィーで観測した結果，(b)がロックインサーモグラフィーで観測した結果である．明らかに(b)の方の空間分解能が高いことがわかる．

6.3.2 電子

電子を故障解析の道具として用いる最大の理由は，光を用いた場合の空間分

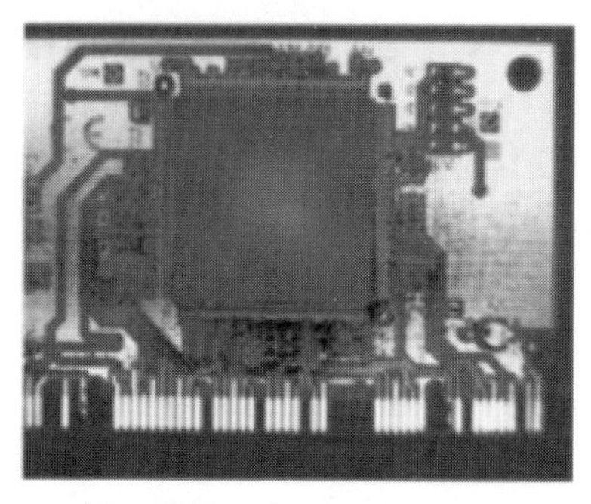

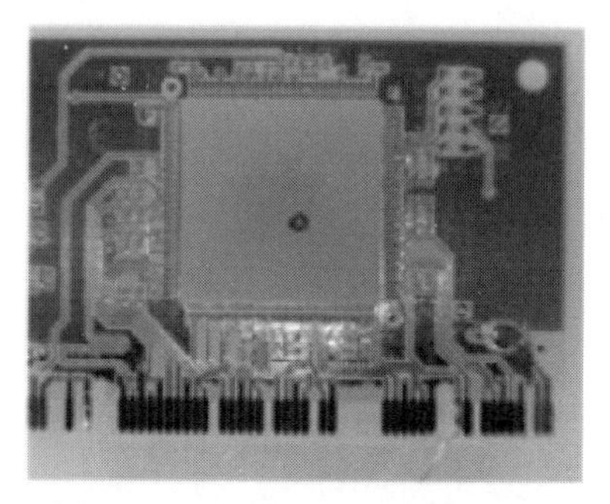

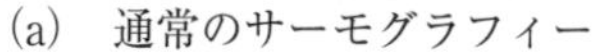

(a) 通常のサーモグラフィー　　(b) ロックインサーモグラフィー

出典） 清宮直樹，田村敦，一宮尚至，長友俊信，戸田徹，松下大作，渡辺拓平，小泉和人：「発熱解析技術と高空間分解能 X 線 CT のコンビネーションによる，完全非破壊解析ソリューションのご紹介」，『第 31 回 LSI テスティングシンポジウム会議録』，p.201，Fig.7, 8，2011 年.

図 6.9 通常のサーモグラフィーとロックインサーモグラフィーの比較例（口絵参照）

解能の限界を克服できることである．電子の波長は光より遥かに短いため，光に比べ遥かに高い空間分解能が得られる．図 6.5 の(a)と(b)を比較することでその違いがわかる．

電子を用いる他の理由は，電子ビームをサンプルに照射した際に発生する 2 次電子や特性 X 線などから，光照射では得られない多くの情報が得られることである．

電子ビーム照射により発生する 2 次電子と特性 X 線で得られた像を比較して図 6.10 に示す．リード間に銅のデンドライトが成長した箇所を観測したものである．図 6.10(a)が 2 次電子を走査像にしたもので，通常 SEM 像というとこれを指す．図 6.10(b)は特性 X 線を EDX（エネルギー分散型 X 線分光器）で分光し，スペクトルから銅のピークを選び走査像にしたものである．デンドライトが銅でできているのがわかる．

TEM（透過電子顕微鏡）では，試料を 100nm 程度に薄く加工し，電子ビームの加速電圧を SEM の場合（1 ～ 30kV）より高く（100 ～ 300kV）して，試料を透

(a)　2次電子による像（SEM像）　　(b)　特性X線による像（EDX像）

図6.10　2次電子と特性Xによる像（視野は数十 μm 角）

過した電子で観測する．SEMの場合より高い空間分解能が得られる．

図6.11に電子が試料を透過し拡大投影されたTEM像と，電子が試料を透過した際に発生する特性X線で観測したEDX像を示す．図6.11(a)がTEM像，図6.11(b)がEDX像である．TEM像では見られない欠陥（不純物分布の欠落）がEDX像では見ることができる．

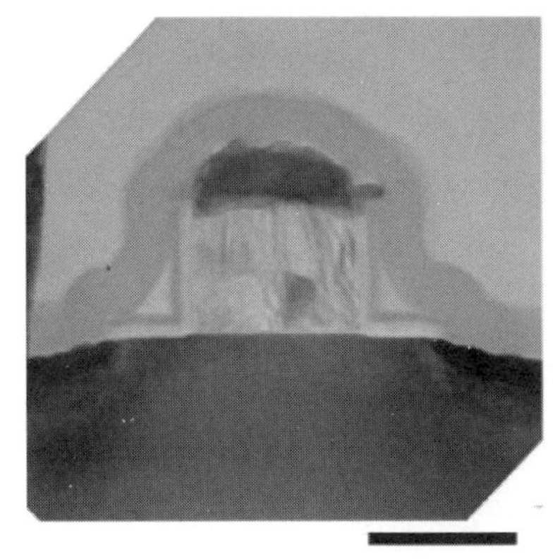

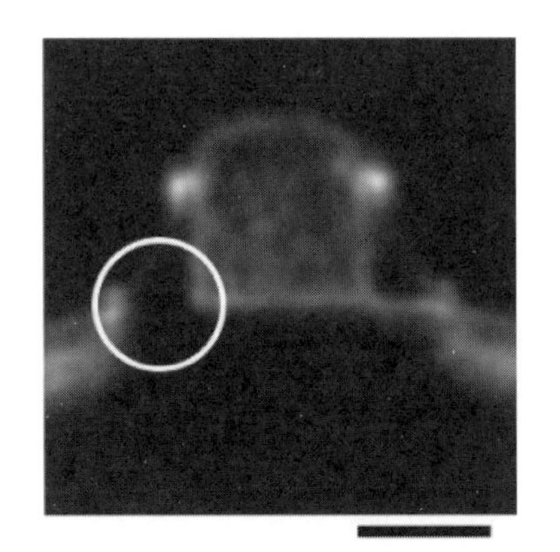

(a)　透過電子による像（TEM像）　　(b)　特性X線による像（EDX像）

出典）　二川清：『新版 LSI故障解析技術』，p.106，日科技連出版社，2011年．

図6.11　TEM像とTEM付属EDX像

図6.10と図6.11を見比べると，TEM像がSEM像より空間分解能が高いことがわかる．また，TEMに付属したEDXで取得したEDX像はSEMに付属したEDXで取得したEDX像よりも高い空間分解能が得られることもわかる．

6.3.3　イオン

(1)　イオンビーム

イオンビームを故障解析に用いる最大の理由は，イオンは電子に比べ遥かに質量が大きい(例：ガリウム(Ga)イオンの質量は電子の質量の約13万倍)ので，イオンビームを照射することで，加工ができることである．イオンビームを用い広範囲の加工を行う断面ポリッシング法と，詳細な加工や観測を行うFIB(集束イオンビーム法)がある．

断面ポリッシング法ではアルゴン(Ar)イオンビームがよく用いられる．

FIBで現在最も用いられているイオンビームはガリウム(Ga)イオンビームである．

本章で紹介する断面像のほとんどは，FIBによる加工で断面を出した後に観測したものである．

その中でも，図6.6(b)と図6.7(b)のSIM(Scanning Ion Microscope：走査イオン顕微鏡)像はFIB装置の中で断面を出した後，同じ装置内で観測したものである．SIM像はGaイオンを照射した際に発生する2次電子を像にしたものである．空間分解能はSEM像には及ばないが(5nm程度)，その程度の空間分解能で十分な場合は，加工後SIM像観測だけで故障解析を完結できる．

SIM像の特長は形状の観測ができるだけでなく，結晶粒の分布が観測できることである．図6.12にLSIの金属配線の断面の結晶粒の分布を観測した例を示す．上部の実線で囲ったところで結晶粒の分布が見えている．白，黒，灰色と数通りのコントラスト差が見えるが，これらは各々結晶の方位が異なるためである．一方，下部の点線で囲ったところのコントラスト差は，多くの穴(ボイド)が空いているためである．

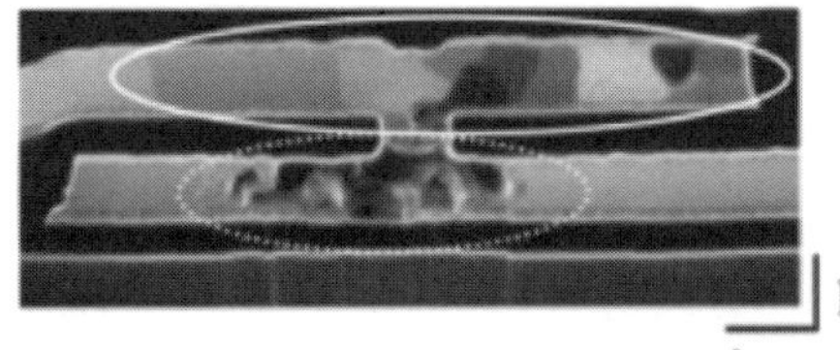

図 6.12　LSI 金属配線断面の結晶粒分布

(2)　3 次元アトムプローブ（3D-AP：Three Dimensional Atom Probe）

究極の元素分析ともいわれる手法である．超高真空中でサンプルに非常に強い電界をかけ，原子 1 個 1 個をイオン化して引っ張りだす．その際にトリガとしてレーザビームを用いる．FA7 のうちのイオンと光を用いているので，どちらに分類してもよいが，金属だけの分析の場合にはレーザは用いないので，ここに分類した．

たった 1 個しかない故障品をほぼ 100% の成功率で解析できるところまでは成熟していないが，同じ不具合のサンプルが数個以上ある不良解析には利用できるところまで来ている．

ここで示す適用事例（図 6.13）は市販のデバイス 2 種である．解析が困難な厚い絶縁体を避けて FIB で前処理し，3D-AP で解析した結果である．NiSi，多結晶 Si ゲート，ゲート酸化膜，Si 基板を含んだサンプルの，Ni，O，P，As の分布の様子がわかる．

6.3.4　X 線

X 線は上述の光，電子，イオンと比較して，物質に対する透過性が高い．故障解析ではこの特長を利用して解析を行う．図 6.14 は半導体パッケージ内部の電気的不良箇所を X 線 CT（コンピュータ断層撮影）で検出し，その断面を SEM で観察したものである．

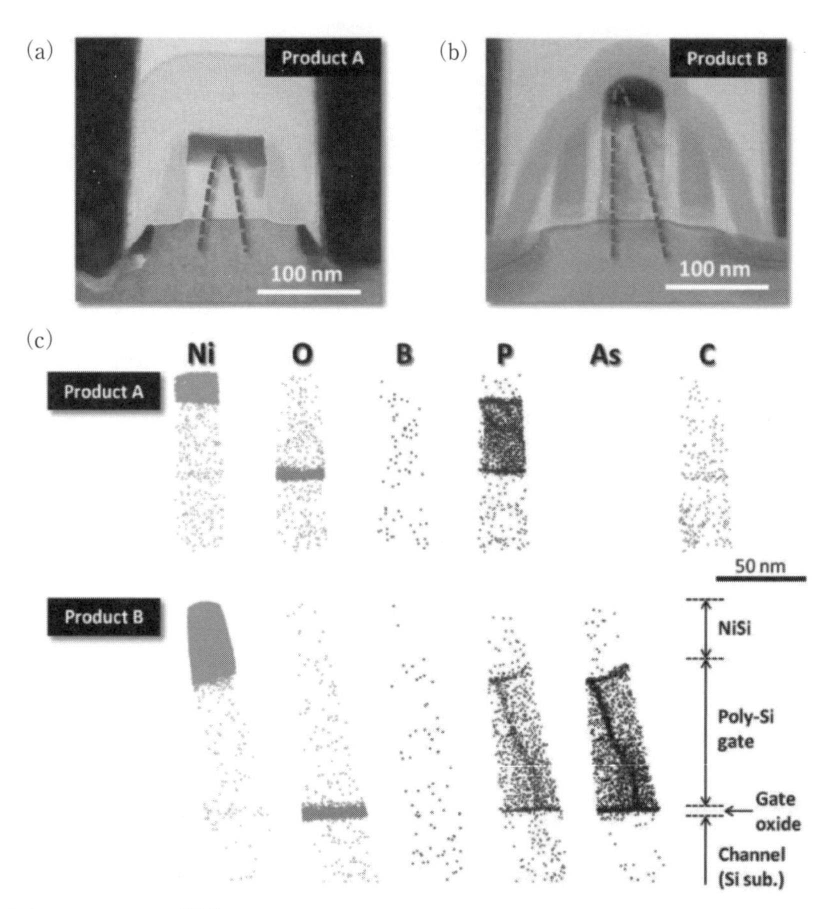

出典）清水康雄：「半導体デバイス中のドーパント分布解析に向けた3次元アトムプローブの利用」,『第35回ナノテスティングシンポジウム会議録』, ナノテスティング学会, p.290, Fig.5, 2015年.

図 6.13　3D-AP の適用事例

6.3.5　超音波

超音波もX線同様いろいろな物質を透過する．X線と違い，固体と気体の界面で反射した際，位相が反転するという特長がある．この特長を生かして樹脂中のボイドを検出した例を図6.15に示す．図6.15(a)が超音波反射像で，白

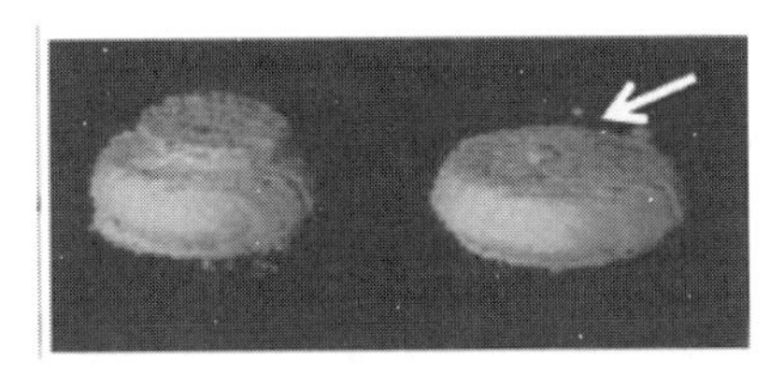

(a) X線CT像

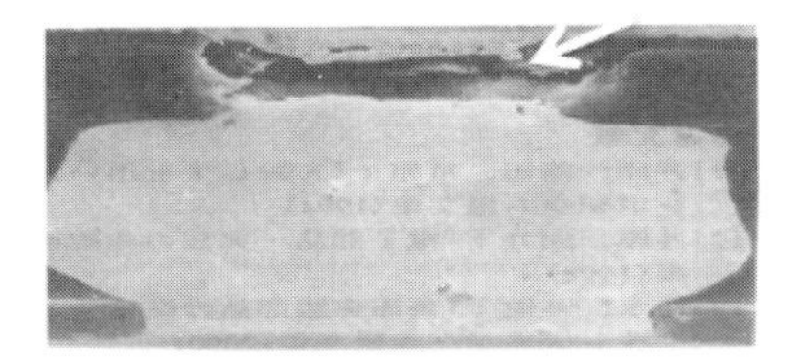

(b) 欠陥部の断面SEM像

出典) 二川清:『新版 LSI故障解析技術』, p.58, 日科技連出版社, 2011年.

図6.14 X線CTによる欠陥の検出

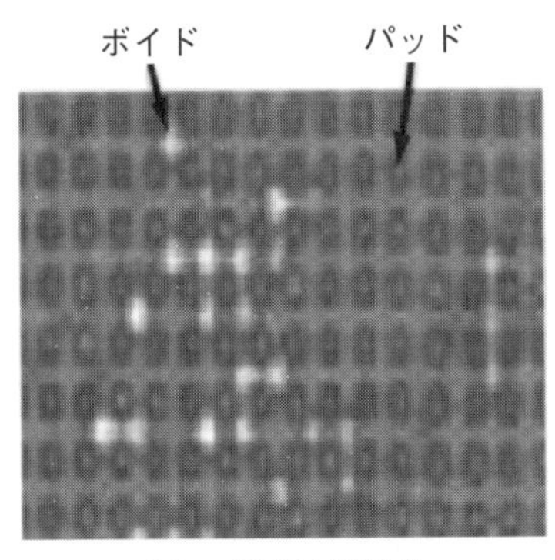

(a) 超音波反射像

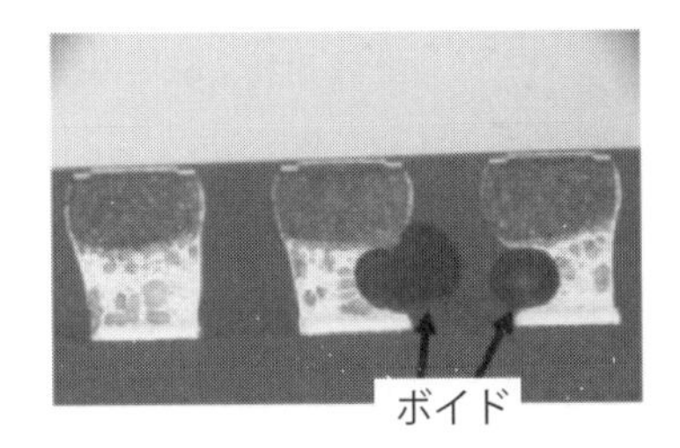

(b) ボイド検出部の断面SEM像

出典) 二川清:『新版 LSI故障解析技術』, p.59, 日科技連出版社, 2011年.

図6.15 超音波顕微鏡による欠陥の検出

いところはボイドの存在を示している. その断面をSEMで観察したのが図6.15(b)で, ボイドが存在していることがわかる.

6.3.6 磁場

故障解析において磁場は電流と関連付けて用いられる. 電流が流れると磁場が誘導されることは誰でも知っていることである. 磁場の検出に最もよく用いられるのは超高感度の磁気センサーであるSQUID(Superconducting Quantum Interference Device:超伝導量子干渉素子)センサーである. 図6.16は半導体パッケージのリード部でショート欠陥が発生したために異常電流が流

(a)　可視化された異常電流経路

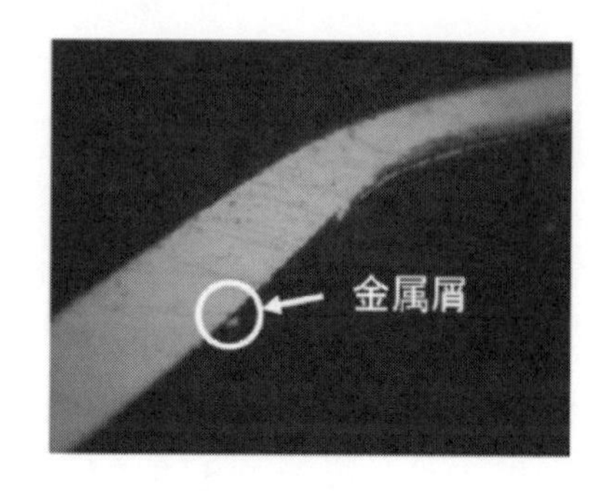

(b)　ショートの原因となった金属屑

図 6.16　磁場の検出により電流経路を可視化

れたのを SQUID センサーで検出した例である．図 6.16(a)は検出した磁場を電流に変換し，光学像と重ね合わせたものである．図 6.16(b)は電流経路の一部から検出された金属屑である．

6.3.7　固体プローブ

(1)　微小な領域に針立て測定(ナノプロービング)

近年 LSI の微細化が進んできたために，電気的測定をタングステン(W)針を立てて行う場合も，数十 nm 以下の領域に立てる必要が出てきた．図 6.17 に針立てを行い，電気的特性を測定した例を示す．図 6.17(a)は針立て中の様子を SEM 像で見たものである．針の操作は SEM 像を観察しながら行う．図 6.17(b)は針を立てた後，電気的特性を測定した結果である．実線が正常なトランジスタ，点線が不良トランジスタの特性である．このようにして，不良のトランジスタを識別することができる．

もちろん，この針立てを行うまでには多くの手順を踏んで，光，電子，イオンなどを駆使している．また不良のトランジスタを特定した後も，電子，イオンなどを駆使した解析を行っている．図 6.11 もその一例である．

(a)　微小領域への針立て

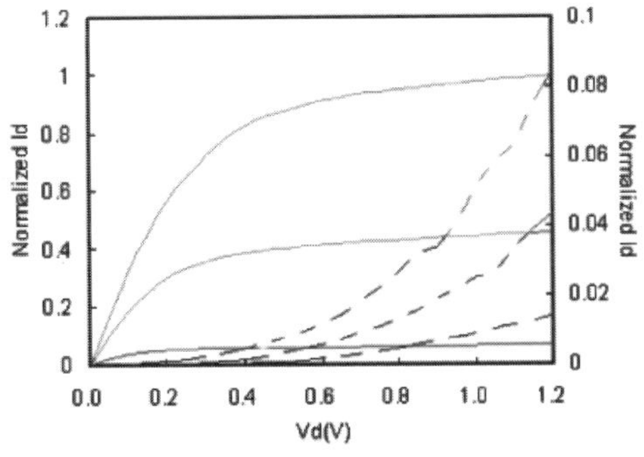

(b)　電気的特性測定

出典）　二川清：『新版 LSI 故障解析技術』，p.106，日科技連出版社，2011 年．

図 6.17　ナノプロービングによる MOS トランジスタの特性計測

(2)　微小な領域を固体プローブで走査して測定（SPM）

SPM（Scanning Probe Microscope：走査プローブ顕微鏡）とは微小なシリコン（あるいはそこに他の物質をコーティングした）針で被測定箇所を走査し，形状，抵抗，容量などを nm オーダー以下の空間分解能で像にする顕微鏡である．故障解析においては，トランジスタの不純物分布の異常観測に最もよく用いられる．

①　SSRM（Scanning Spreading Resistance Microscope：走査拡がり抵抗顕微鏡）

SPM の一種で，プローブと試料裏面との間の拡がり抵抗を像表示する．空間分解能が高く（nm 程度），不純物検出濃度測定範囲も広い（10^{15} ～ 10^{20}cm^{-3}）．最近，実用化が進み，故障解析にも使われるようになってきた．図 6.18 に応用事例を示す．SRAM（Static Random Access Memory）実回路における不良ビット素子の直接観測例である．この事例では不良ビット pMOS では正常品に対して約 0.4V の閾値上昇が見られた．それまで TEM や SEM による物理化学的解析が行われたが，拡散層の様子がわからないため，不良のメカニズムが解明できないでいた，60nm 以下のゲート幅のものである．図 6.18（a）の

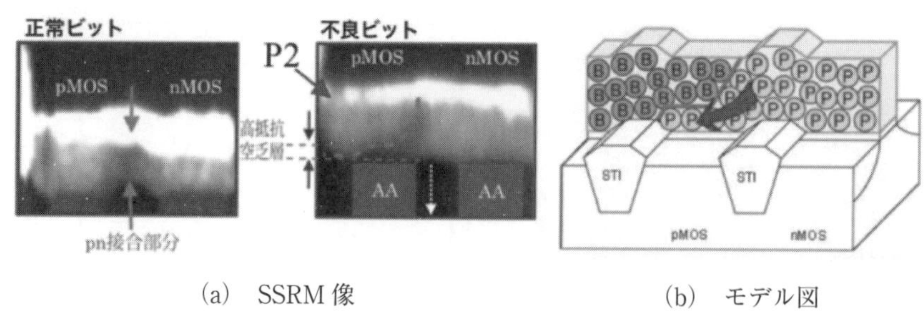

(a)　SSRM像　　　　(b)　モデル図

© ナノテスティング学会 2014

出典）張利：「特定箇所高空間分解能SSRMによるSiデバイスの評価とその課題」，『第34回ナノテスティングシンポジウム会議録』，ナノテスティング学会，p.287，Fig.6，2014年．

図6.18　SSRMの応用事例

SSRM像を見ると，不良ビットではpn接合領域がpMOSの下まで延びてキャリアが空乏化している様子がわかる．TCAD（Technology Computer Aided Design）でのシミュレーションの結果，図6.18（b）のモデル図のようにPの異常拡散が起きていることが推測された．この結果を元に，Pイオン注入マスク位置を調整することにより歩留りが改善された．

② SNDM（Scanning Nonlinear Dielectric Microscope：走査非線形誘電率顕微鏡）

SPMの一種で，10^{-22}Fというごく微小な静電容量変化に対して検出感度がある．PNの区別が容易で，空間分解能も高く（nm前後），不純物検出濃度測定範囲も広い（10^{13}～10^{20} cm^{-3}）．最近，実用化が進み，故障解析にも使われるようになってきた．図6.19に応用事例を示す．トランジスタの特性異常品の解析である．図6.19（a）のモデル図にあるようにポリシリコンゲートはpMOSとnMOSで共有され，ポリシリコンゲートに不純物が注入されている．このサンプルでは図6.19（b）のSNDM像でわかるように，pMOSトランジスタ上までnMOS不純物が異常拡散している様子が見られた．

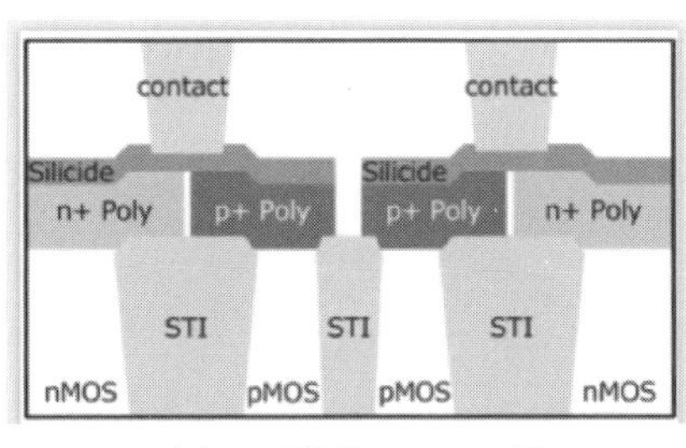

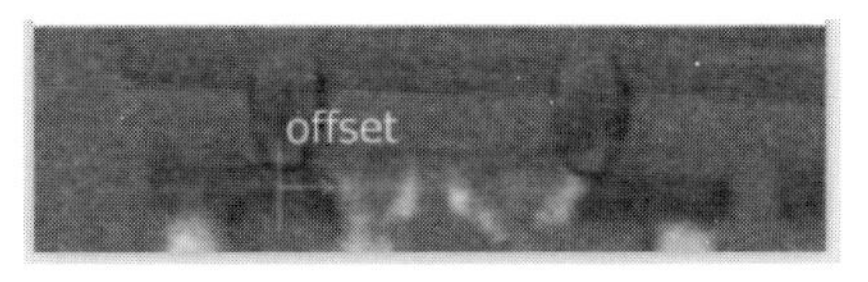

(a)　正常品のモデル図　　(b)　異常品の SNDM 像

出典）太田和男：「走査型非線形誘電率顕微鏡測定技術の故障解析への応用」，『第 37 回ナノテスティングシンポジウム会議録』，ナノテスティング学会，p.275，Fig12，13，2017 年．

図 6.19　SNDM の応用事例

6.4

FA7 以外の道具を用いた故障解析手法

FA7 には入らないがソフトウェアという重要な道具を用いた故障解析手法である故障診断法を紹介する．

FA7 として紹介した道具はすべて物理的実体を利用したものである．FA7 の道具を使う際にもソフトウェアを併用するが，それは解析を効率的にするなど補助的なものである．ここで紹介する方法はソフトウェアが主体である．電気的測定結果と設計情報のみを用いて，ソフトウェアにより故障箇所を絞り込む方法である．この分野では故障診断というとこの方法を指す．

図 6.20 に LSI チップ全体からチップの一部まで絞り込んだ例を示す．図 6.20(a)がチップ全体と絞り込まれた後のレイアウト部，図 6.20(b)は絞り込まれた後の回路部である．

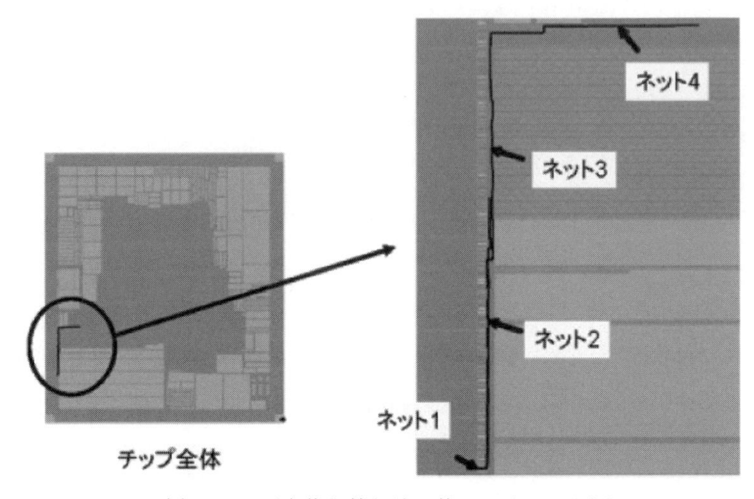

(a)　チップ全体と絞り込み後のレイアウト図

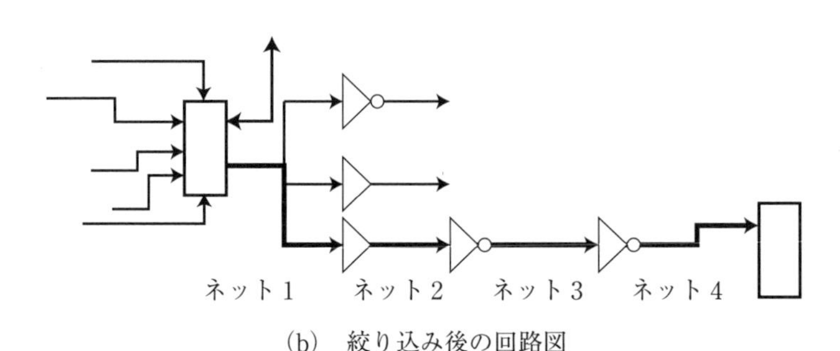

(b)　絞り込み後の回路図

出典)　二川清：『新版 LSI 故障解析技術』，pp.139-140，日科技連出版社，2011 年.

図 6.20　LSI チップ全体からチップの一部まで絞り込んだ例

6.5 おわりに

故障解析七つ道具(FA7)を使った故障解析手法と，FA7 を使わないが重要な故障解析手法を紹介した．解析事例を多くの写真や図で示したが，その分，技術的背景の多くは割愛した．事例や写真を見てさらに深く知りたくなった方は参考文献や図のキャプションに表示した引用文献を参照されたい．

コラム

このコラムでは，本章より広く深くまた最新の情報や知見が得られる場として，故障解析関連の学会やシンポジウム，研究会などを紹介する．

国内で最も多くの故障解析関連の発表がある場は，ナノテスティング学会(INANOT)である．INANOT 主催のナノテスティングシンポジウム(NANOTS)は年 1 回秋に開催され，毎回数十件の発表(約半数が故障解析関連)と数百名の参加者で，2〜3 日間行われる．INANOT 主催の研究会で故障解析に関係したものはパワー&アナログデバイス解析研究会と電子線応用研究会，そして先端計測技術研究会であり，それぞれ毎回数件の発表と数十人の参加があり，年数回開催されている．

(一財)日本科学技術連盟主催の信頼性・保全性シンポジウム(2020 年から信頼性・保全性・安全性シンポジウムに改称)は，年 1 回数十件の発表(数件が故障解析関連)と数百名の参加者で，2 日間開催されている．

日本信頼性学会(REAJ)主催のシンポジウム(年 2 回：春秋)，故障物性研究会(年 6 回：隔月)，LSI 故障解析研究会(年 2 回：不定期)においても，いくつかの故障解析関連の発表がなされている．

海外に目を向けると，最も多くの故障解析関連の発表があるのは ISTFA(International Symposium for Testing and Failure Analysis)で，年 1 回米国で秋に開催されている．次に発表が多いのは ESREF (European Symposium on Reliability of Electron Devices, Failure Physics and Analysis)で，年 1 回欧州で秋に開催されている．アジア各地(日本以外)で開催されている故障解析関連のシンポジウムには IPFA (International Symposium on the Physical and Failure Analysis of Integrated Circuits) がある．

故障解析の発表はそれほど多くはないが，信頼性物理の最先端の発表があるのはIRPS(International Reliability Physics Symposium)で，年1回米国で春に開催されている．

繰り返しになるが，これらのシンポジウム，研究会に参加することで，本章の内容より広く深く進んだ知見を得ることができる．

【第6章の演習問題】

［**問題6.1**］　次の道具の中で故障解析の手段として通常使われないか，最も使われる頻度が低いものはどれか．

ア．イオン　　イ．電子　　ウ．電磁波　　エ．光　　オ．超音波

［**問題6.2**］　次の顕微鏡の中で空間分解能が最も高いものはどれか．

ア．SEM(走査電子顕微鏡)　　イ．TEM(透過電子顕微鏡)

ウ．金属顕微鏡　　エ．共焦点レーザ走査顕微鏡　　オ．実体顕微鏡

略語一覧

略語	フルスペル	対応日本語，読み方など
EDXまたはEDS	Energy Dispersive X-ray Spectrometry	エネルギー分散型X線分光法，イーディーエックス，イーディーエス
FIB	Focused Ion Beam	集束イオンビーム，エフアイビー，フィブ
IR-OBIRCH	Infrared OBIRCH	赤外利用OBIRCH，アイアールオバーク
LIT	Lock-In Thermography	ロックインサーモグラフィー
NA	Numerical Aperture	開口数
OBIRCH	Optical Beam Induced Resistance CHange	オバーク，光ビーム加熱抵抗変動検出法
PEM	Photo Emission Microscope	エミッション顕微鏡
SEM	Scanning Electron Microscope	走査電子顕微鏡，セム
SIL	Solid Immersion Lens	固浸レンズ
SIM	Scanning Ion Microscope	走査イオン顕微鏡，シム
SNDM	Scanning Nonlinear Dielectric Microscope	走査非線形誘電率顕微鏡
SPM	Scanning Probe Microscope	走査プローブ顕微鏡，エスピーエム

SQUID	Superconducting Quantum Interference Device	超伝導量子干渉素子，スクウィド
SSRM	Scanning Spreading Resistance Microscope	走査拡がり抵抗顕微鏡
TCAD	Technology Computer Aided Design	ティーキャド
TEM	Transmission Electron Microscope	透過電子顕微鏡，テム

第6章の参考文献

［1］ 信頼性技術叢書編集委員会監修，二川清編著，上田修，山本秀和著：『半導体デバイスの不良・故障解析技術』，日科技連出版社，2019年.

［2］ 二川清：『新版 LSI故障解析技術』，日科技連出版社，2011年.

［3］ 信頼性技術叢書編集委員会監修，二川清著：『故障解析技術』，日科技連出版社，2008年.

［4］ 信頼性技術叢書編集委員会監修，鈴木和幸編著，CARE研究会著：『信頼性七つ道具R7』，日科技連出版社，2008年.

第7章

ワイブル解析

「ワイブル解析」は「寿命データ解析」の中で最もよく使われるものなので，信頼性七つ道具の中では「寿命データ解析」を代表してこの名前になっている．

本章では「寿命データ解析(寿命分布の解析と寿命加速の解析)」とその結果を基にした「信頼性予測」を，Excel を用いて行う方法を具体的に解説する．

寿命分布の解析の手順として一般的には，まず，寿命データをワイブル確率プロットまたはワイブル型累積ハザードプロットして，分布への適合性を見る．適合している場合にはパラメータを推定する．適合していない場合には他の分布に対して同様のことを行う．

本章ではこれらの操作を，Excel を用いて行えるように具体的な手順を解説する．また，累積ハザード解析を累積ハザードプロットで行うのではなく，累積ハザード関数(H)を累積故障確率(F)に変換($F = 1-\exp(-H)$)した後，確率プロットすることで行う．これによりすべてのタイプのデータを確率プロットだけで解析できる．

寿命加速の解析ではアレニウスプロットと両対数プロットを行う．

寿命データ解析の結果を元に信頼性予測を行う．

寿命加速の解析や信頼性予測での Excel を用いた計算は確率プロットでの解析と基本は同じなので，手順は簡単に述べる．

7.1 確率プロットとは

確率プロットとは，図7.1のように縦軸に累積故障確率(F)の関数，横軸に時間の対数をとり，寿命データをプロットし((a))，当てはめ線を引く((b))ことで，対象となる分布に適合しているかどうかを当てはめ直線へののり具合で判断し，適合していると判断した場合には，その分布のパラメータ(母数)をグラフ上で推定する解析法である．

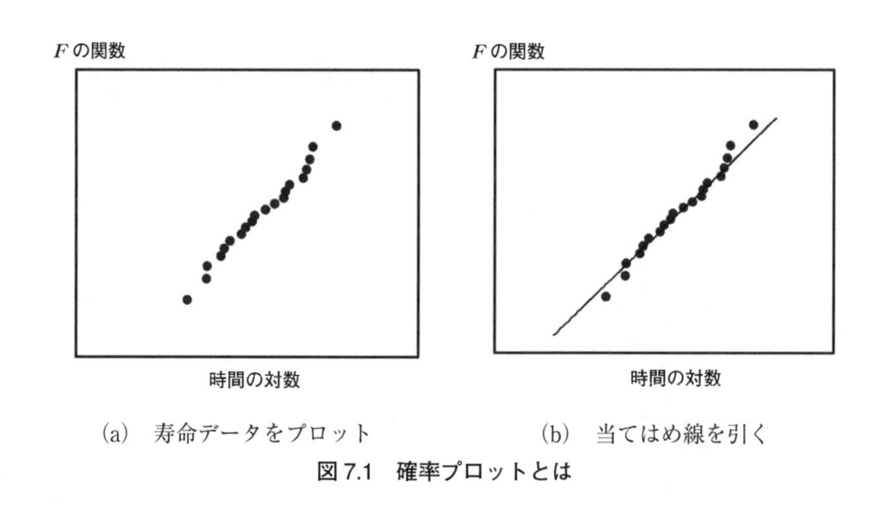

(a)　寿命データをプロット　　(b)　当てはめ線を引く

図7.1　確率プロットとは

7.2 累積ハザードプロットとは

累積ハザードプロットとは，図7.2のように縦軸に累積ハザード値(H)の関数，横軸に時間の対数をとり，寿命データをプロットし((a))当てはめ線を引く((b))ことで，対象となる分布に適合しているかどうかを当てはめ直線へののり具合で判断し，適合していると判断した場合には，その分布のパラメータをグラフ上で推定する解析法である．

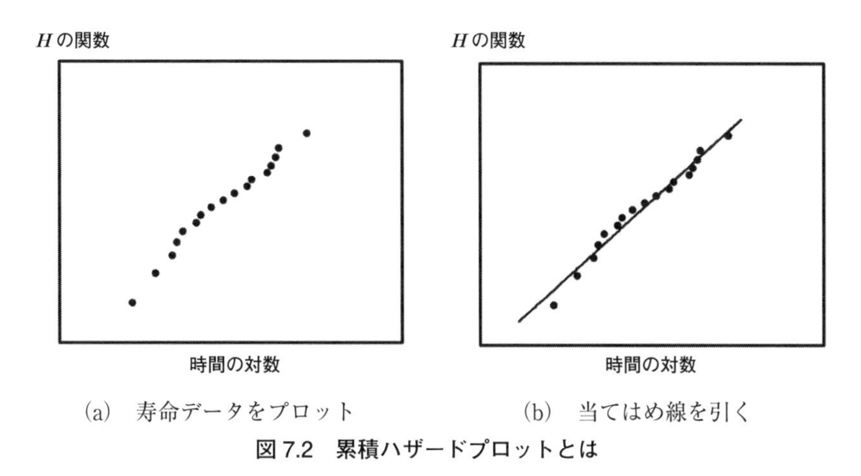

(a) 寿命データをプロット　　(b) 当てはめ線を引く

図 7.2 累積ハザードプロットとは

累積ハザード値とは故障率(ハザード値)の累積値(積分値)である．累積故障率と呼んでもよさそうだが，歴史的経緯から生物医学系で故障率(λ)と同じ意味で用いられているハザード値(h)の累積値を意味する累積ハザード値(H)という言葉が用いられている．

確率プロットは完全データか途中まで完全データである定数打切りデータと定時打切りデータにしか使えない．累積ハザードプロットはランダム打切りデータにも使える．4 種類の寿命データの違いを図 7.3 に示す．

以上の従来の一般的な寿命分布の解析の流れを加速性の解析と信頼性予測とともに図 7.4 に示す．

7.3

確率プロットに一本化

累積ハザード値を累積故障確率に変換することで，確率プロットがランダム打切りデータにも適用できる．

信頼度関数(R)と累積故障確率(F)の関係は $R = 1-F$ であり，R と累積ハザード値(H)の関係は $R = \exp(-H)$ であるから，$1-F = \exp(-H)$ という関

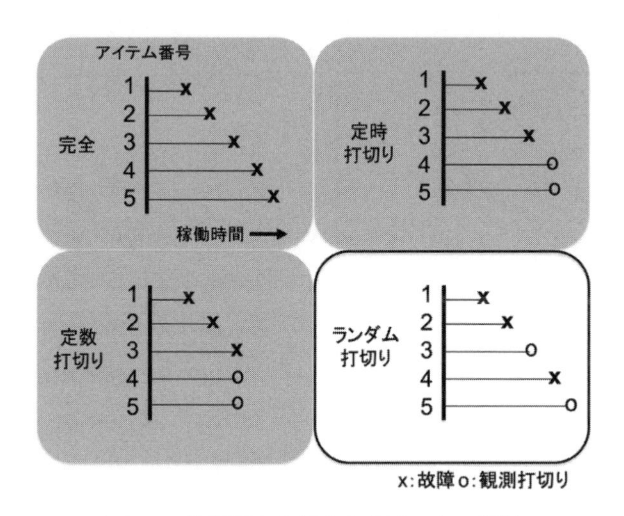

図 7.3　解析面から見た寿命データの分類

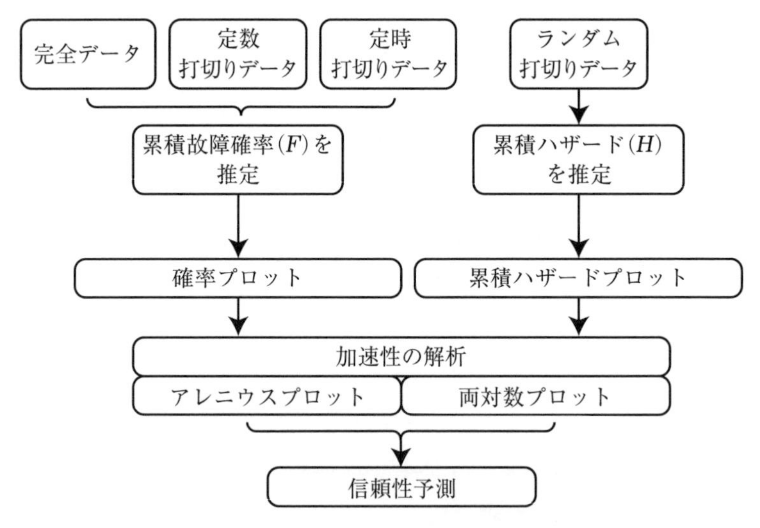

図 7.4　従来の一般的な寿命データ解析と信頼性予測の流れ

係にある．

この関係から F は $F = 1 - \exp(-H)$ と表すことができる．Excel を用いることで，この式より H から F が簡単に求まる．

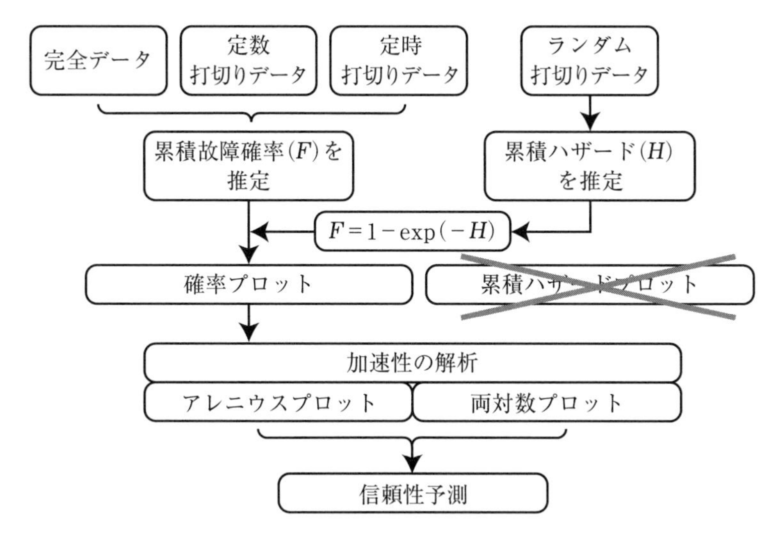

図 7.5　本章での寿命データ解析と信頼性予測の流れ

このようにして求めたFを用いて確率プロットすることで，完全データ，定時打切りデータ，定数打切りデータだけでなくランダム打切りデータも確率プロットできる．

これが本章での寿命分布の解析の流れである．この流れを加速性の解析と信頼性予測ととともに図 7.5 に示す．

なお，このようにHを推定し，HをFに変換して確率プロットするという方法を，ランダム打切りデータだけでなく，完全データ，定数打切りデータ，定時打切りデータに用いることで，手順の完全一本化が図れる．

いきなりすべてを一本化すると，戸惑う読者も多いことを配慮して，本書ではハイブリッドな形の一本化で説明する．

7.4

Excel を用いた確率プロット

実務の場面では，確率紙を用いて解析するよりも，市販の統計ソフトや

Excelを用いて解析する場合が多いかと思う．市販の統計ソフトを用いると，データを入力するだけで解析できるが，その解析の過程の中身がわからないので，解析している実感が湧かなかったり，間違いを犯した場合に気付かなかったりすることもあり得る．Excelを用いて解析するとデータの解析過程の中身が実感できる．

そこで，本節ではExcelを用いた確率プロットの手順を紹介する．

Excelを用いる理由としては，

- 手近にある
- ワイブル分布，対数正規分布などの関数が容易に利用できる
- $F = 1 - \exp(-H)$の計算が容易にできる
- 外部からのデータ取り込みが容易である
- グラフの作成が容易である
- 目の子線引きも可能である

などがあげられる．

最後にあげた「目の子線引き」とは，確率紙の使い方の手順で最初に必ず習うものである．確率紙の場合，データ点に乗る直線を最小二乗法で求めると偏った当てはめになるので，「目の子線引き」が用いられる．「目の子線引き」は鉛筆と定規で行うものとして教えられるので，Excelでできることはあまり知られていないが，少しの工夫でこれができる．詳細は手順の一部として紹介する．

7.4.1　確率プロットの基本

Excelでの解析の紹介に入る前に，確率プロットの基本的な考え方について図7.6を参照して説明する．対象となる関数が直線になるように，縦軸にFの関数，横軸に故障時間の対数を当てはめる．Fの関数をどのように選ぶかは，ワイブル分布の場合と対数正規分布の場合で異なる．詳細は後で述べる．

Fの推定値は完全データ，定時打切りデータ，定数打切りデータの場合はメディアンランクを用いる．メディアンランクとは順序統計で求めた分布のメディアン値である．ランダム打切りデータの場合のFの推定値としては，まず

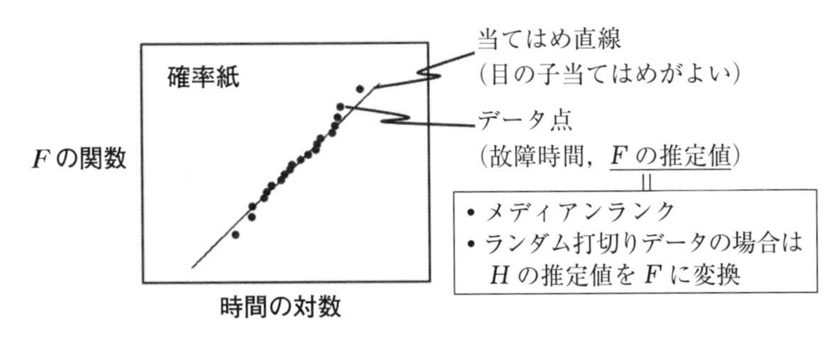

図 7.6 確率プロットの基本的考え方

H を推定し，$F = 1 - \exp(-H)$ から求めた値を用いる．故障時間は実測値を用いる．

プロット点に直線を当てはめ，その直線からパラメータを読み取る．直線を当てはめる場合，最小二乗法は用いず，目の子で，中心部に重きを置いて当てはめる．中心部に重きを置く理由は確率紙上では中心部ほど確率に割り当てられる縦軸の長さが短いからである．

H の推定値の求め方を表 7.1 に示す．故障モードが混在(a と b)している場合で，故障モード a に着目して解析する場合を記す．故障モード欄の○は打切りデータである．実際は故障モード b で故障した時間であるが，故障モード a に着目した場合は打切りデータになる．H の推定値は故障率(λ)の推定値の累積和で求める．λ の推定値は故障直前までの残存数の逆数として求める．

表 7.1 H の推定値の求め方

故障順位 i	故障時間	故障モード	故障直前までの残存数 $n-i+1$	λ の推定値(%) $1/(n-i+1)$	H の推定値(%) $\Sigma\lambda$
1	321	a	5	20	20
2	530	○	4		
3	981	a	3	33.3	53.3
4	1570	a	2	50	103.3
5	2090	○	1		

次に，ワイブル確率プロットと対数正規確率プロットの構成について順に説明する．

ワイブル確率プロットでは，ワイブル分布の累積故障確率の式

$F = 1 - \exp(-(t/\eta)^m)$ を変形した $\ln\ln(1/(1-F)) = m\ln t - m\ln\eta$

が基本の式となる．図7.7に示すように，$\ln\ln(1/(1-F))$ を縦軸に取り，$\ln t$ を横軸にとる．このような構成ではワイブル分布は直線になる．ここで，t は時間，η は特性寿命，m は形状パラメータである．

対数正規確率プロットでは，基準化偏差 $x = (\ln t - \ln t_{50})/\sigma$ が標準正規分布 $\phi(x)$ に従うことを利用する．その逆関数 $\phi^{-1}(F)$ は $\phi^{-1}(F) = (\ln t - \ln t_{50})/\sigma$ と表せるから，図7.8に示すように，$\phi^{-1}(F)$ を縦軸に取り，$\ln t$ を横軸にとる．このような構成では対数正規分布は直線になる．ここで，t は時間，t_{50} はメディアン寿命，σ は形状パラメータである．

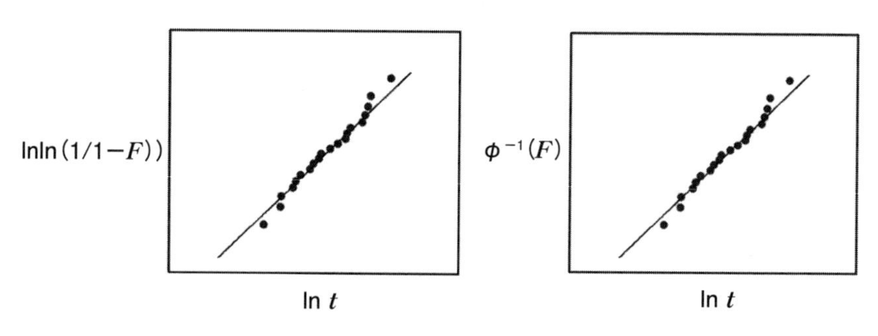

図7.7　ワイブル確率プロットの構成

図7.8　対数正規確率プロットの構成

7.4.2　Excelを用いた解析の手順

Excelを用いた解析の手順を，表7.2～7.4，図7.9，7.10を参照しながら説明する．ここでは，Microsoft Excel for Macバージョン16.35，Office 365を用いて説明する．バージョンが変わると，詳細な部分は変わるので，読み変えていただきたい．また，手順の解説の中では読みにくくならないように，「Fの推定値」というべきところを「F」と記述するなど，「推定値」を省略する

場合もある．

まず，完全データの例を示し，その後でランダム打切りデータの例を示す．

(1) 完全データの例

定時打切りデータ，定数打切りデータの場合も，まったく同じ手順で解析できる．その場合注意が必要なのは，打切りデータはプロットに用いないが，サンプルサイズ(n)にはカウントされる点である．

手順1：ワイブル・対数正規共通の前処理(表7.2参照)

—csv形式などで保存したデータを読み込む(開く)

—ここでは，以下のデータを入力($\times 10^5$h)

1.90，2.33，2.35，2.69，2.80，2.95，3.33，3.47，3.72，3.80，4.23，

4.65，5.12，5.19，5.42，6.20，6.42，6.68，6.87，8.76

—データを昇順に並べ替える

—順位番号を記入する

—Fの推定値を記入する：メディアンランク(BETAINV(0.5, r, $n-r+1$)

またはその近似値の$(i-0.3)/(n+0.4)$)

手順2の1：ワイブルプロット用処理(表7.2参照)

—$\ln(\ln(1/(1-F)))$の値を記入する

—tの列と$\ln(\ln(1/(1-F)))$の列を選択する(Commandキー使用)

手順2の2：対数正規プロット用処理(表7.2参照)

—$\phi^{-1}(F)$の値を記入する(= NORMSINV(F))

—tの列と$\phi^{-1}(F)$の列を選択する(Commandキー使用)

手順3：ワイブル・対数正規共通の処理

—挿入⇒グラフを選択

- 散布図の点だけのものを選択

以上でグラフが表示される．

次に，グラフの体裁を整える．

手順4：横(値)軸の書式設定(横(値)軸を選択し(ダブル)クリック)

表7.2 データ解析表の例(完全データ)：ワイブル，対数正規共用

$t(i)$	i(順位)	F (メディアンランク)	ワイブルプロット用	対数正規プロット用
			$\ln\ln(1/(1-F))$	$\phi^{-1}(F)$
1.90E+05	1	0.0343	−3.3548	−1.8209
2.33E+05	2	0.0833	−2.4417	−1.3830
2.35E+05	3	0.1324	−1.9521	−1.1153
2.69E+05	4	0.1814	−1.6088	−0.9101
2.80E+05	5	0.2304	−1.3399	−0.7376
2.95E+05	6	0.2794	−1.1157	−0.5846
3.33E+05	7	0.3284	−0.9210	−0.4442
3.47E+05	8	0.3775	−0.7467	−0.3122
3.72E+05	9	0.4265	−0.5871	−0.1854
3.80E+05	10	0.4755	−0.4381	−0.0615
4.23E+05	11	0.5245	−0.2965	0.0615
4.65E+05	12	0.5735	−0.1599	0.1854
5.12E+05	13	0.6225	−0.0260	0.3122
5.19E+05	14	0.6716	0.1074	0.4442
5.42E+05	15	0.7206	0.2430	0.5846
6.20E+05	16	0.7696	0.3839	0.7376
6.42E+05	17	0.8186	0.5349	0.9101
6.68E+05	18	0.8676	0.7042	1.1153
6.87E+05	19	0.9167	0.9102	1.3830
8.76E+05	20	0.9657	1.2156	1.8209

—「軸のオプション」タブの「軸のオプション」タブで「対数目盛を表示する」を選び，最小値(1E4)，最大値(1E7)，縦軸との交点(1E4)，を見やすいように設定(括弧内は例)

—「軸のオプション」タブの「表示形式」タブでは，「シートとリンクする」のチェックを外し，指数を選択(小数点以下の桁数：0)

手順5：縦(値)軸の書式設定(縦(値)軸を選択し(ダブル)クリック)

—「軸のオプション」タブの「軸のオプション」タブで最小値(−4)，最大値(3)，横軸との交点(−4)，を見やすいように設定(括弧内は例)

次に，当てはめ線を引き，パラメータを読んでいく.

手順6：まずは最小二乗近似の線を引く

—データ点を選択し右クリックした際に現れるウィンドウから「近似曲線の

追加」を選ぶ

「近似曲線の書式設定」タブの「近似曲線のオプション」タブで「対数近似」を選択,「グラフに数式を表示する」を選択する.

—グラフに表示された式($y = a\ln(x) - b$)の係数a, bからパラメータを計算する

- ワイブルの場合：$m = a$, $b = m\ln\eta$ から$\eta = \exp(b/a)$
- 対数正規の場合：$\sigma = 1/a$, $b = \ln t_{50}/\sigma$ から$t_{50} = \exp(b/a)$

手順7：目の子当てはめ線を引く

—目の子当てはめ線を引くための補助点(2点)のtの値と，そのtの縦軸の値を計算する.

- tを見やすいところを選んで2点決める(例では1.1E5と1.1E6)
- 縦軸の値：Fの値は，最初は，元の関数(ワイブルまたは対数正規)に，最小二乗近似で得られたパラメータ値を代入することで計算

—ワイブル分布の場合(TRUEは累積分布を意味する)

- F = WEIBULL(t, m, η, TRUE)
- 縦軸の値 = LN(LN(1/(1-F)))

—対数正規分布の場合

- F = LOGNORMDIST(t, LN(t_{50}), σ)
- 縦軸の値 = NORMSINV(F)

—「グラフデータの選択」ウィンドウを開き(「プロットエリア」上で右クリック)，この2点を新「系列」として追加(＋ボタンを押す)

- 「名前」に「目の子」と入力
- 「Xの値」の右端のアイコンをクリックした後，ワークシート上で対応するデータ2点(tの値)をドラッグ
- 「Yの値」についても同様：LN(LN(1/(1−F)))の2点

—この2点のデータに対して，データ点を選択し右クリック

「近似曲線の追加」を選択

—「近似曲線の書式設定」タブの「近似曲線のオプション」タブで「対数近

似」を選択,「グラフに数式を表示する」を選択する.

—パラメータ値を種々変えることで, 目の子当てはめができる. そのパラメータ値がそのまま推定値となる：確率紙で行うような作業は不要.

- ワイブルプロットでは, m, η を変化させる
- 対数正規プロットでは t_{50}, σ を変化させる

図 7.9 に Excel によるワイブル確率プロットの例, 表 7.3 にワイブル確率プ

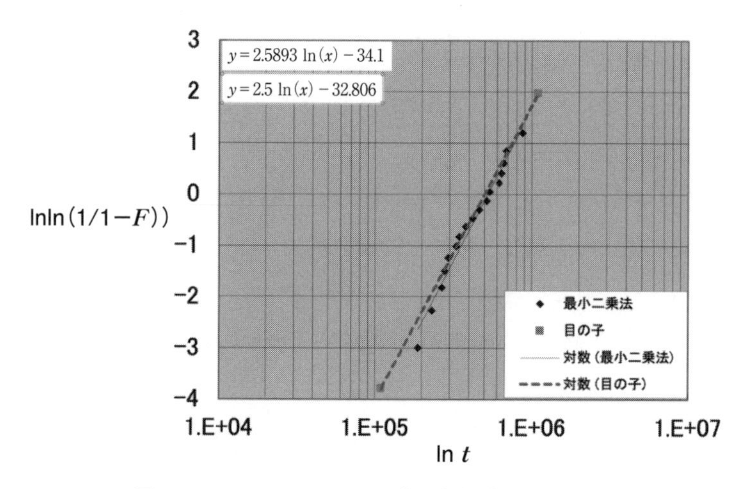

図 7.9　Excel によるワイブル確率プロットの例

表 7.3　ワイブル確率プロットの際に用いた表と求められた推定値の例

ワイブル確率プロットの結果			
(最小二乗法)			
$m(a)$	2.59E + 00		
$m \ln \eta$ (b)	3.41E + 01		
η $(\exp(b/a))$	5.24E + 05		
(目の子線当てはめ)			
補助点	t	F	$\ln\ln(1/(1-F))$
1	1.10E + 0.5	0.0224	−3.7853
2	1.10E + 0.6	0.9992	1.9711
m の推定値	2.5		
η の推定値	5.00E+05		
目の子線を上の m と η の値を変えることで調整			

ロットの際に用いた表と最終的に求められた推定値の例を示す.

図 7.10 に Excel による対数正規確率プロットの例，表 7.4 に対数正規確率プロットの際に用いた表と最終的に求められた推定値の例を示す.

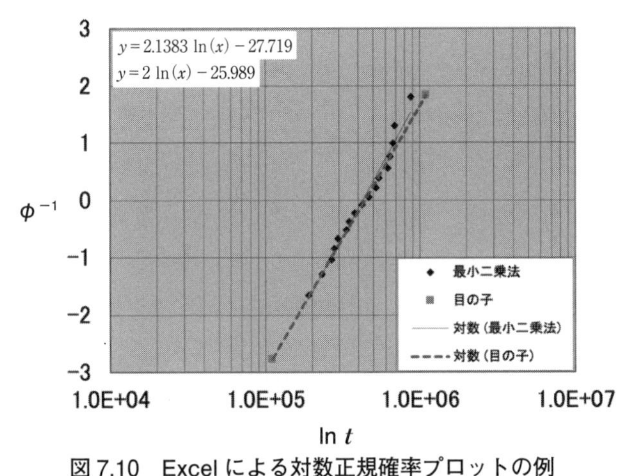

図 7.10　Excel による対数正規確率プロットの例

表 7.4　対数正規確率プロットの際に用いた表と求められた推定値の例

対数正規確率プロットの結果			
（最小二乗法）			
$1/\sigma\ (a)$	2.14E+00		
$\sigma\ (1/a)$	0.47		
$\ln t_{50}/\sigma\ (b)$	2.77E+01		
$t_{50}(\exp(b/a))$	4.27E+05		
（目の子線当てはめ）			
補助点	t	F	$\phi^{-1}(F)$
1	1.10E+05	0.0028	−2.7726
2	1.10E+06	0.9666	1.8326
t_{50} の推定値	**4.40E+05**		
σ の推定値	**0.50**		
目の子線を上の t_{50} と σ の値を変えることで調整			

(2) ランダム打切りデータの例

表7.1を元に説明した方法で，Hを求め，Hを元にFを求めそれを縦軸の値に用いる．

解析に用いたデータは，完全データのときに用いたデータの一部が打切りデータになっている以下のものである($\times 10^5$h)．

1.90，2.33，2.35(打切り)，2.69，2.80，2.95，3.33，3.47，3.72(打切り)，3.80，4.23，4.65，5.12(打切り)，5.19，5.42，6.20，6.42，6.68，6.87，8.76

表7.5にデータ解析表の例を示す．ここで得られたFの推定値を元に確率プロットを行う．打切りデータはプロットに用いない．基本的な手順は完全デー

表7.5 データ解析表の例(ランダム打切りデータ)：ワイブル，対数正規共用

						ワイプルプロット用	対数正規プロット用
$t(i)$	打切り	直前の残存数	h (1/残存数)	H (Σh)	F ($1-\exp(-H)$)	$\ln\ln(1/(1-F))$	$\phi^{-1}(F)$
1.90E+05	×	20	0.0500	0.0500	0.0488	−2.9957	−1.6569
2.33E+05	×	19	0.0526	0.1026	0.0975	−2.2766	−1.2957
2.35E+05	○	18					
2.69E+05	×	17	0.0588	0.1615	0.1491	−1.8235	−1.0403
2.80E+05	×	16	0.0625	0.2240	0.2006	−1.4963	−0.8393
2.95E+05	×	15	0.0667	0.2906	0.2522	−1.2357	−0.6676
3.33E+05	×	14	0.0714	0.3621	0.3038	−1.0160	−0.5136
3.47E+05	×	13	0.0769	0.4390	0.3553	−0.8233	−0.3710
3.72E+05	○	12					
3.80E+05	×	11	0.0909	0.5299	0.4113	−0.6351	−0.2241
4.23E+05	×	10	0.1000	0.6299	0.4673	−0.4622	−0.0819
4.65E+05	×	9	0.1111	0.7410	0.5234	−0.2998	0.0586
5.12E+05	○	8					
5.19E+05	×	7	0.1429	0.8839	0.5868	−0.1235	0.2193
5.42E+05	×	6	0.1667	1.0505	0.6502	0.0493	0.3860
6.20E+05	×	5	0.2000	1.2505	0.7136	0.2236	0.5641
6.42E+05	×	4	0.2500	1.5005	0.7770	0.4058	0.7621
6.68E+05	×	3	0.3333	1.8339	0.8402	0.6064	0.9953
6.87E+05	×	2	0.5000	2.3339	0.9031	0.8475	1.2993
8.76E+05	×	1	1.0000	3.3339	0.9643	1.2041	1.8035

タの場合と同じなので，ここでは手順は説明せず，データ解析表(表7.5)とプロット結果(図7.11，図7.12)のみを示す．

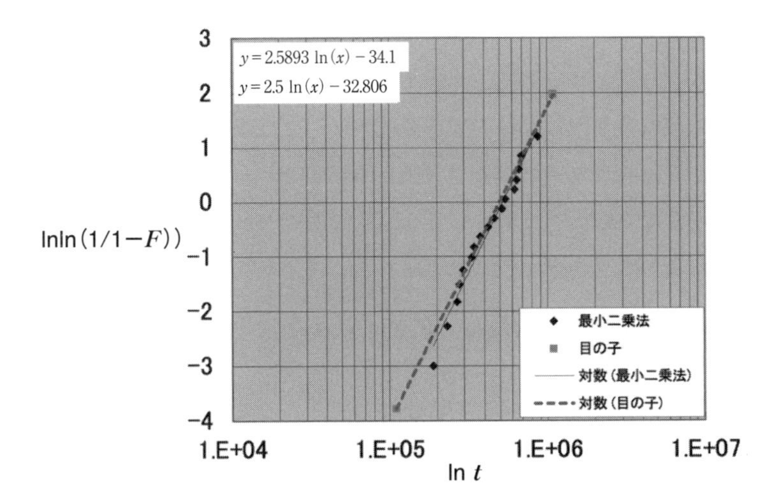

図7.11　Excelによるランダム打切りデータのワイブル確率プロットの例

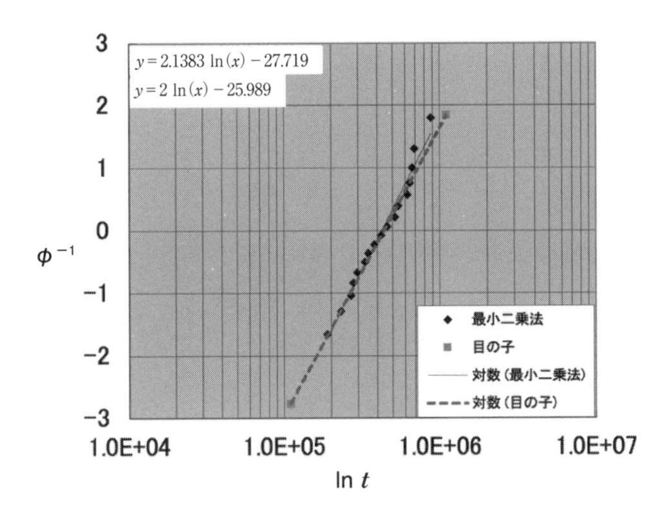

図7.12　Excelによるランダム打切りデータの対数正規分布確率プロットの例

7.5 Excel を用いた加速寿命解析

寿命の加速要因には温度，湿度，電圧，電界，電流密度などがある．また，加速モデルにはアレニウス則，べき乗則などがある．ここでは，加速要因として温度と電流密度を取り上げ，加速モデルとしては温度加速に適用されるアレニウス則，電流密度加速に適用されるべき乗則を取り上げる．本節でも Excel を用いて計算やグラフの作成を行うが，前節までの計算やグラフ作成に用いた手順と同様なので，詳細な手順は説明しない．

7.5.1 Excel を用いた温度加速データの解析

温度加速データの解析に一般的によく用いられるのは，次式で表せるアレニウス則である．

$$L = A\exp(-\phi/kT)$$

ここで，L は寿命，A は定数，ϕ は活性化エネルギー，k はボルツマン定数(8.618×10^{-5}eV/K)，T は絶対温度(摂取温度＋273.15 度)である．

上式の両辺の対数をとると，

$$\ln L = \ln A - \phi/kT$$

が得られる．

$\ln L$ を縦軸に $1/T$ を横軸にとると，この式は図 7.13(a)に示すように傾きが ϕ/k の直線になる．

縦軸が $\ln L$，横軸が $1/T$ のグラフに温度加速データをプロットしたものをアレニウスプロットと呼ぶ．図 7.13(b)に一例を示す．アレニウスプロットを行うことで，プロット点にのる直線から活性化エネルギーと定数 A が求まり，実使用温度での寿命予測ができる．

7.5.2 Excel を用いた電流密度加速データの解析

電流密度加速データの解析に一般的によく用いられるのは，次式で表せるべ

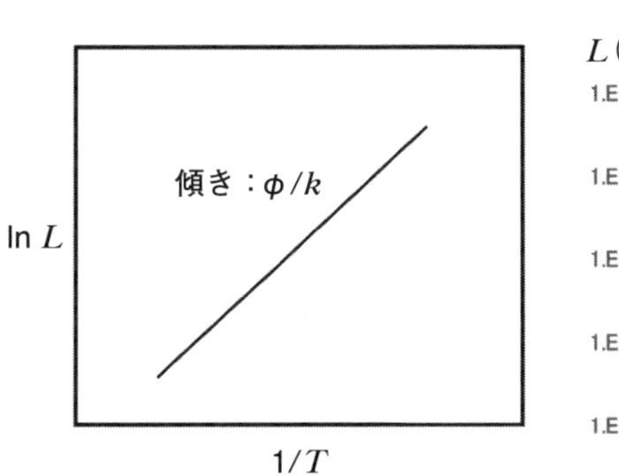

(a)　アレニウス則の式を図示

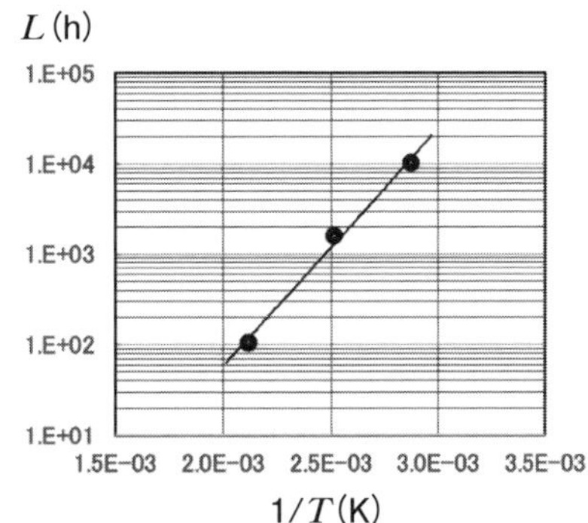

(b)　アレニウスプロット

図 7.13　アレニウス則

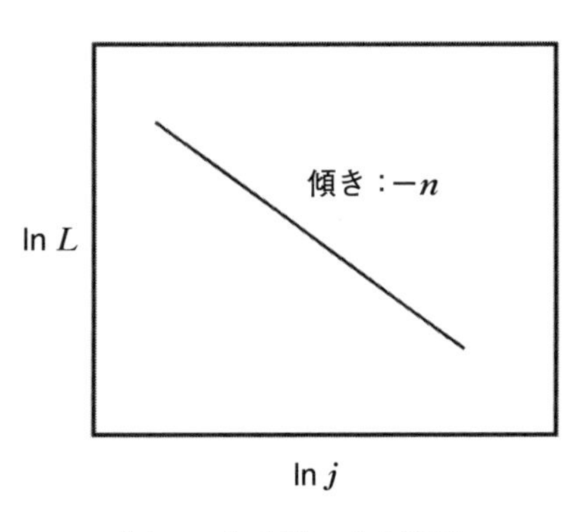

(a)　べき乗則の式を図示

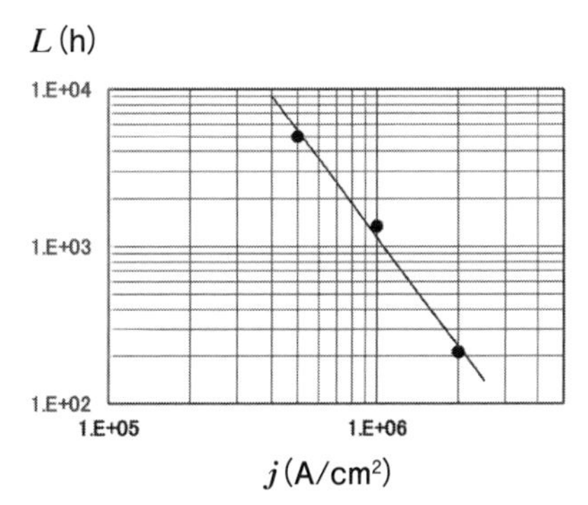

(b)　両対数プロット

図 7.14　べき乗則

き乗則である．

$$L = Bj^{-n}$$

ここで，B，n は定数，j は電流密度である．

両辺の対数をとると，

$$\ln L = \ln B - n \ln j$$

が得られる．

$\ln L$ を縦軸に $\ln j$ を横軸にとると，この式は図 7.14(a)に示すように傾きが $-n$ の直線になる．

縦軸が $\ln L$，横軸が $\ln j$ のグラフに電流密度加速データをプロットする．図 7.14(b)に一例を示す．両対数プロットを行うことで，プロット点にのる直線から定数 B，n が求まり，実使用電流密度での寿命予測ができる．

7.6 Excel を用いた信頼性予測

前節まででは，寿命データの解析法について述べた．本節では寿命データ解析の結果得られた分布のパラメータと加速のパラメータを用いて信頼性予測を行う手順について説明する．この節でも Excel を用いて計算やグラフ作成を行うが，7.4 節での計算やグラフ作成と基本的な手順は同じなので，詳細な手順は説明しない．

信頼性予測に用いられる定量的表現は 2 つある．パーセント点寿命と故障率である．順に説明する．

7.6.1 パーセント点寿命

一般的に実務の場で「1 年間の不良率(正確には累積故障確率)は 1,000ppm」などというが，これを統計の用語では「$t_{0.1}$(0.1 パーセント寿命)は 1 年」という．蛇足だが，1,000ppm $= 1{,}000 \times 10^{-6} = 10^{-3} = 0.1\%$ である．

(1) ワイブル分布の場合のパーセント点寿命の求め方

ワイブル分布の累積故障確率(F)は

$$F = 1 - \exp(-(t/\eta)^m)$$

と表せる．

ここで，t は時間，η は特性寿命，m は形状パラメータである．

この式を変形すると

$$t = \eta(-\ln(1-F))^{1/m}$$

が得られる．

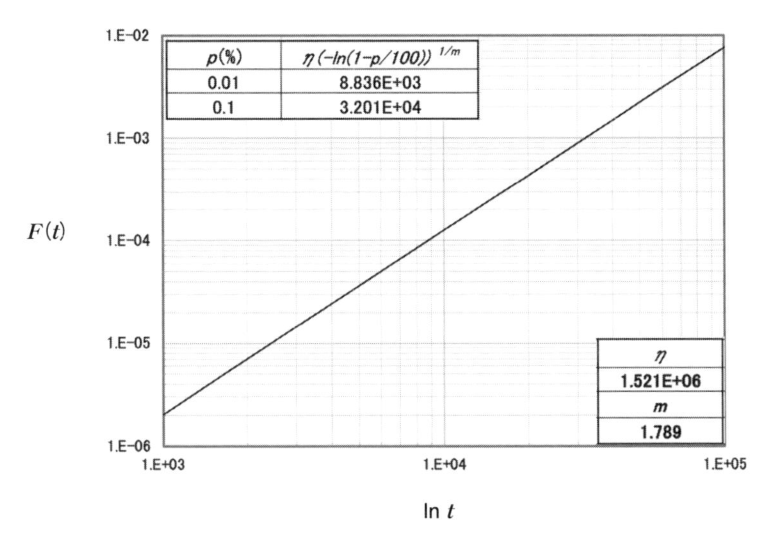

図7.15　ワイブル分布のFの時間依存性とpパーセント点寿命

この式を書き換える(tをt_pに変え，Fを$p/100$に換えるだけ)と，

$$t_p = \eta\,(-\ln(1-p/100))^{1/m}$$

となる．

ここに寿命データ解析で得られたηとmの推定値とpを代入すれば，pパーセント点寿命が得られる．

例えば，$\eta = 1.521\times10^6$，$m = 1.789$，$p = 0.1$を代入すると，

$$t_{0.1} = 1.521E6^*(-LN(1-0.1/100))\wedge(1/1.789) = 3.20\times10^4 \quad (h)$$

が得られる．

全体像を見るために，図7.15にワイブル分布のFの時間依存性をExcelでグラフにし，そこからpパーセント点寿命($p = 0.01$，0.1)を読み取った(Excelで計算した)値を示す．

(2)　対数正規分布の場合のパーセント点寿命の求め方

基準化偏差

$$x = (\ln t - \ln t_{50})/\sigma$$

が標準正規分布 ϕ に従うという性質を利用する．

ここで，t は時間，t_{50} はメディアン寿命，σ は形状パラメータである．

この式を変形すると

$$t = t_{50} \exp(\sigma x)$$

が得られる．

この式を書き換える（t を t_p に，x を x_p に換えるだけ）と

$$t_p = t_{50} \exp(\sigma x_p)$$

となる．

ここで，x_p は標準正規分布の p パーセント点である．

すなわち，

$$x_p = \phi^{-1}(p/100)$$

ここに寿命データ解析で得られた t_{50} と σ の推定値と x_p を代入すれば，pパーセント点寿命が得られる．x_p は Excel で NORMSINV(p/100) から求まる．

例えば，$t_{50} = 1.135 \times 10^6$，$\sigma = 0.686$，$x_{0.1}$ = NORMSINV(0.1/100) を代入すると，

$$t_{0.1} = \text{1.135E6*exp(0.686*NORMSINV(0.1/100))} = 1.36 \times 10^5 \quad \text{(h)}$$

が得られる．

全体像を見るために，図 7.16 に対数正規分布の F の時間依存性を Excel でグラフにし，そこから p パーセント点寿命（p = 0.01，0.1）を読み取った（Excel で計算した）値を示す．

7.6.2　故障率

(1)　平均故障率

故障率で一番よく使われるのは平均故障率である．

（平均故障率）=（故障数）／（総動作時間）

の式で算出できる．

例えば，1 万個の部品を 1 万時間動作させて，故障が 1 個出たら，

$$(\text{平均故障率}) = 1/(10^4 \times 10^4) = 10^{-8}/\text{h} = 10 \text{ FIT}$$

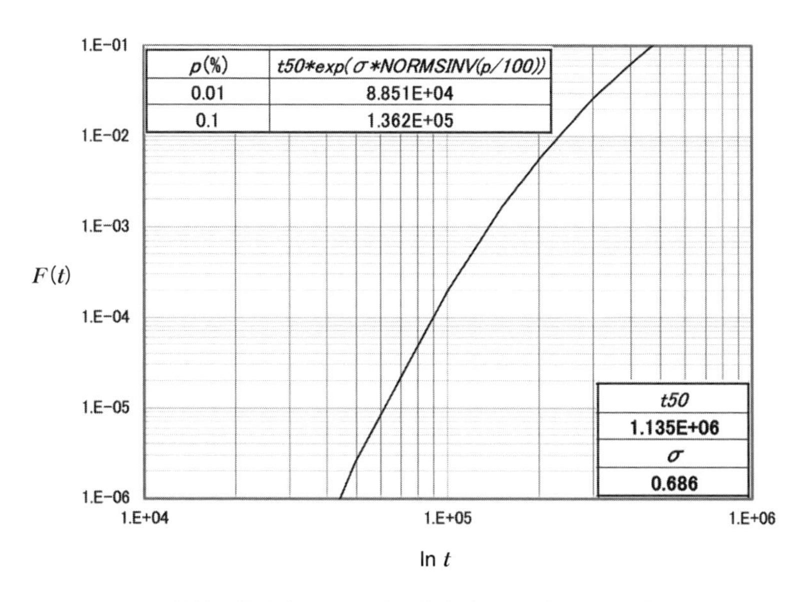

図 7.16　対数正規分布の F の時間依存性と p パーセント点寿命

である．正確には「約 10FIT」であるが，故障は 1 個なので十分正確である．また蛇足ではあるが，FIT はフィットと読み，1 FIT ＝ 1×10^{-9}/h である．

(2)　ワイブル分布の場合の故障率

$$\lambda(t) = (m/\eta^{m})t^{m-1}$$

に η と m の推定値を代入すればよい．

例えば，Excel を用いて $\eta = 1.521\times10^{6}$，$m = 1.789$，$t = 10^{4}$ を上式に代入すると，

$$\lambda(10^{4}) = (1.789/(1.521E6)\wedge1.789)*(1E4)\wedge(1.789-1)$$
$$= 2.23x10^{-8}(/h)$$

が得られる．

全体像を見るために，図 7.17 にワイブル分布の故障率の時間依存性を Excel でグラフにして示す．

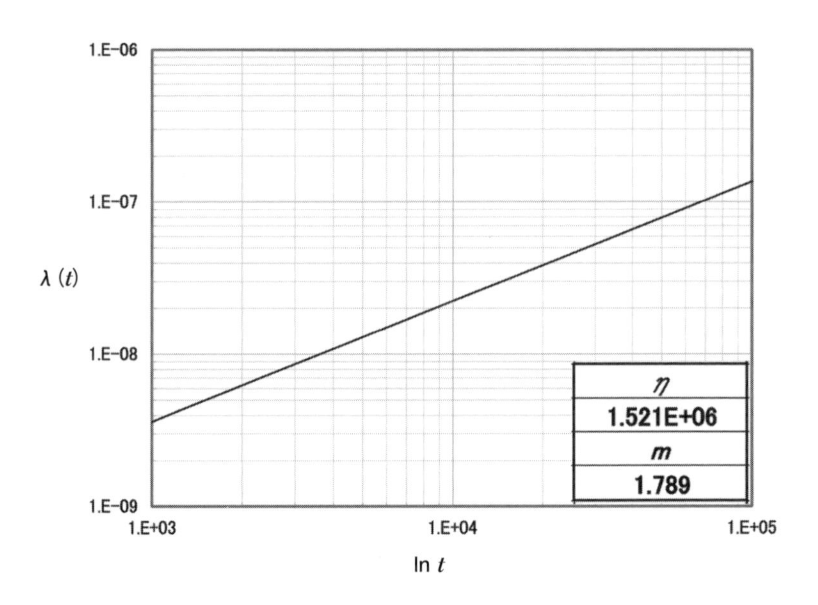

図 7.17　ワイブル分布の故障率の時間依存性

(3)　対数正規分布の場合の故障率

$\lambda = f/R = f/(1-F)$ を Excel の関数を使って計算する．

λ = LOGNORM.DIST(t, ln(t_{50}), σ, FALSE) /
(1－LOGNORM.DIST(t, ln(t_{50}), σ, TRUE))

（ここで，FALSE は密度関数，TRUE は累積分布関数を意味する．）

例えば，$t_{50} = 1.135\times10^6$，$\sigma = 0.686$，$t = 10^4$ を上式に代入すると，

LOGNORM.DIST(1E4, ln(1.135E6), 0.686, FALSE)/
(1－LOGNORM.DIST(1E4, ln(1.135E6), 0.686, TRUE))
$= 2.71\times10^{-15}$ (1/h)

が得られる．

全体像を見るために，図 7.18 に対数正規分布の故障率の時間依存性を Excel でグラフにして示す．

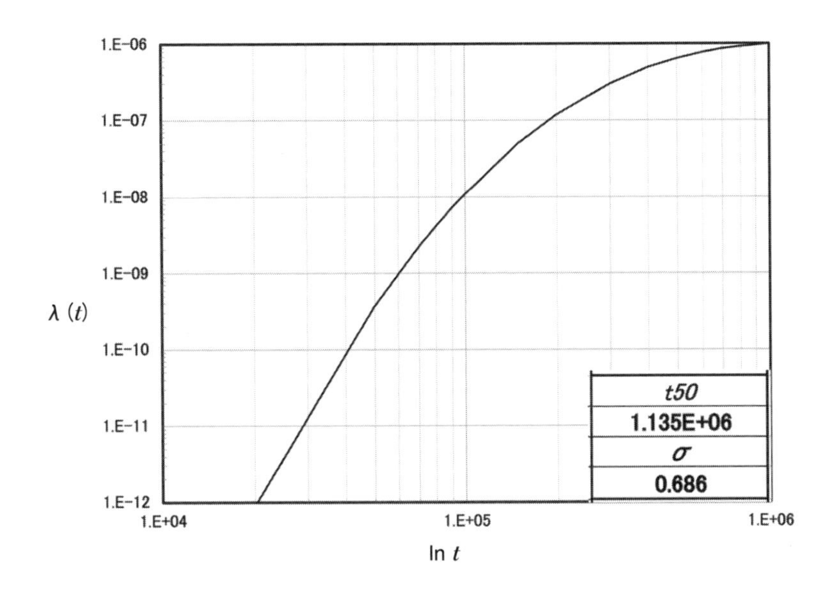

図 7.18　対数正規分布の故障率の時間依存性

7.7
まとめ

本章では寿命データ解析とその結果を用いた信頼性予測を Excel で行うことに主眼を置いて解説し，具体的な手順も示した．

普段 Excel を使わない人でも，しばらく使っているうちに，寿命データ解析や信頼性予測の計算やグラフ化も行えるようになる．また，手順を追って計算やグラフ化を行うので，市販の信頼性関連ソフトで寿命データ解析や信頼性予測を行う場合より，実感のある解析や予測ができる．

実感をもって解析や計算を行っているうちに，信頼性の問題もだんだん実感をもって考えるようになる．

本章がこのような好循環の一助になれば幸いである．

【第7章の演習問題】

［問題 7.1］ 次の項目の中で半導体デバイスや電子部品の寿命データ解析や信頼性予測の際に通常使われないか，最も使われる頻度が低いものはどれか.

ア．累積故障確率　　イ．累積ハザード　　ウ．パーセント点寿命

エ．信頼度　　オ．故障率

［問題 7.2］ 信頼性の分野において，次の分布の中で最もよく使われるのはどれか.

ア．正規分布　　イ．対数正規分布　　ウ．ワイブル分布

エ．ボルツマン分布　　オ．ガンマ分布

第7章の参考文献

［1］ 二川清：『はじめてのデバイス評価技術 第2版』，森北出版，2012年.

［2］ 信頼性技術叢書編集委員会監修，二川清著：『故障解析技術』，日科技連出版社，2008年.

この本では「故障解析技術」とともに「寿命データ解析法」も統計を利用した故障解析技術という位置付けで解説している.

［3］ 信頼性技術叢書編集委員会監修，鈴木和幸編著，CARE研究会著：『信頼性七つ道具 R7』，日科技連出版社，2008年.

第8章

信頼性ストーリー

本章では信頼性ストーリーについて解説する.

「QCストーリー」っていうのは聞いたことあるけど,「信頼性ストーリー」って何？　と思われる方も多いのではないだろうか. ご存じのようにQCストーリーは問題解決・課題達成の手法であり, QCサークルの活動や現場での品質改善の場面で盛んに活用されている. 課題のタイプにより, 改善の手順と主な手法が体系的にまとめられ, その代表的手法が「QC七つ道具」や「新QC七つ道具」として広く知られている.

本章で取り上げる信頼性ストーリーは, QCストーリーのような定まった構成要素や手順ではなく, 信頼性七つ道具(R7)を駆使して信頼性の改善を図る活動全体そのものである. 実際の現場においては信頼性の作り込みや問題解決にあたり, 各社ごとに様々な技術や手法が使われているであろうが, “R7” をベースとしてそれら固有技術を関連付けていくことで, その組織での信頼性保証活動が系統化されていく, そんな効果を期待している. 例えば, 不良品流出のクレーム解析結果から, その対策をデザインレビューの項目として追加する, 新しい工程不具合の発生とその原因究明結果から設計や製造へのフィードバックとしてFMEAやコントロールプランが改版されていくといった具合である.

本章では実際の事例を通して信頼性ストーリーの概要を紹介する.

8.1

信頼性七つ道具と信頼性ストーリー

“R7” 個々の手法についてはすでに解説されてきたとおりであるが，これらの手法・ツールはデータベースを介して有機的に関連しており，どれを最初にやらなければならないといったものではない．実際例えば故障解析がどの場面で活用されているかといえば，研究・開発，試作，生産，サービスのあらゆる段階で実施される．信頼性試験，デザインレビューなども同様である．ただ，最終的にはデータベースという形でこれらの結果を情報として共有し，それを将来的に有効活用することが重要なのである．

製品ライフサイクルの各段階でR7を駆使して情報を収集し，それらを有効に活用するための明確な指針が必要であろう．裏返しの言い方をすれば，信頼性改善のための現場第一線の知識を組織化する，それが信頼性ストーリーの成果といえる．

例えば，高性能の故障解析設備や優れたデータ解析能力をもっていても，その解析結果が正しく工程や設計にフィードバックされなければ宝の持ち腐れである．一般に組織が大きくなるとクレーム情報や故障解析結果などを多部門間でシェアすることが困難になるが，部門が異なる場合でも，互いの情報が活用できるようデータベースに情報をアップしておき，共有していくことが必要である．信頼性ストーリーのポイントは何と言ってもデータベースの活用にある．以下ではデバイス，装置，システムそれぞれの信頼性向上のための活動を信頼性ストーリー活用例として紹介する．

8.2 デバイス信頼性向上活動の実際

8.2.1 商品企画段階［信頼性データベース，デザインレビュー］

デバイスの商品企画段階では，顧客の要求に基づいて，コスト，工数，生産計画等を含めて商品化の可否判断を行うとともに，具体的な商品の開発・設計方針を決めることになる．

ここで紹介する事例の場合，商品企画段階で過去のクレーム情報から同種製品でESD(Electrostatic Discharge：静電気放電)に起因する故障によるクレームがあったこと，またTEG(Test Element Group)と呼ばれるデバイスを構成する素子や回路の一部を切り出して作製された評価用チップの試験結果からも，引き続きESDが懸念されることが報告されていた．さらに，営業サイドから，競合他社製品のESD耐性にも問題があり，その対策としてターゲット顧客ではESD保護のための基板外付けの専用チップを必要としていることが判明し，チップ単体でのESD耐性向上が大きな差別化要因となることも明らかとなった．外付けの専用チップが必要であれば顧客にとってのトータルコストは増加するので，ESD耐性を改善することでコスト競争力も出てくる．その他，具体的な顧客要求なども営業あるいは技術サポート部隊からもたらされた．

信頼性ストーリーのポイントはデータベースの活用にあるが，市場状況や競合品情報等を含めた信頼性統合データベースがまだ十分構築されていない場合でも，商品開発段階でのレビューでそれらを補完することは可能である．

共有化されたデータベースだけでは不足する直近の情報がアップデートされ，関係者間で知識化されることもデザインレビューの有効性の一つといえる．

デザインレビューとして，商品企画段階のレビューを紹介したが，実際には設計段階を中心に様々なステージでレビューが実施されている．表8.1はデバ

表8.1　デバイス開発におけるデザインレビュー一覧

レビューステージ	レビューの種類	レビューの内容
DR0：企画審査	商品企画レビュー	顧客やマーケットからの要求に基づき，商品化の可否を含め，具体的な商品の開発・設計方針を決定する．
DR1：開発設計個別デザインレビュー	チップデザインレビュー	回路検証，レイアウト検証，タイミング検証，論理等価性検証などによる設計の妥当性を検証する．
	パッケージデザインレビュー	パッケージの性能，信頼性，コスト面からの確認を行う．
	テストプログラムレビュー	検査工程のフローとテストプログラムの確認，テスト内容，規格の正当性，推定される検出率などを確認する．
DR2：試作開始デザインレビュー	ウェーハ製造開始レビュー(テープアウトレビュー)	設計報告書に基づくチップ設計全体のレビュー，チップ製造のためのマスク製作のリリースを行う．
DR3：新製品発売レビュー	製品量産化レビュー	信頼性，生産性から見たコスト回収計画や量産化の可否，発売化の可否の判断を行う

イス開発から量産における一般的なデザインレビューの概要であるが，いずれのレビューにおいても，過去の事例や信頼性データ，関連情報，それらに基づいて作成されたチェックシートなどが非常に重要なインプットとなる．

8.2.2　開発・設計段階［信頼性設計技法，FMEA，故障解析］

製品開発方針および設計目標が決まれば，次は実際の設計である．設計では信頼性設計技法を駆使して，信頼性の作り込みを行うことになる．

本事例の製品開発では，TEGを作製し，事前に問題点の洗い出しを行った．従来からの懸念点はESD耐性であったが，TEG評価段階で実施した故障解析が大きな役割を果たすことになる．

図8.1はTEGを用いたESD試験での不良品のOBIRCHによる解析結果である．図中の反応発光箇所(→部分)がESD試験で破壊された箇所であり，その後の設計者の解析によってこれまでの回路上の弱点が判明，改善につなげる

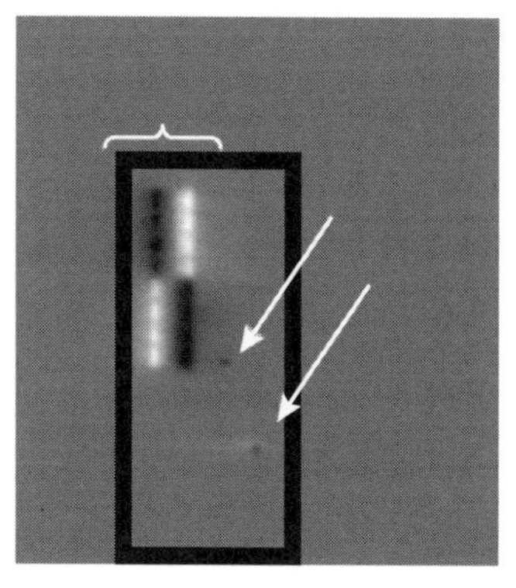

図 8.1　ESD 不良の OBIRCH 解析結果

ことができたのである．

一般に今回のような懸念点やリスクについては，デザイン FMEA に落とし込まれる．製品設計・開発の初期段階で FMEA を活用し，事前に改善策や対策を検討することで，信頼性の作り込みが可能となる．FMEA は Live Document（生きた文書）として常に最新の内容に維持することが重要であることはいうまでもない．

8.2.3　試作段階［信頼性データベース，信頼性試験］

デバイスの試作段階で必要となるのは，試作品を用いての信頼性試験である．一般に LSI の信頼性試験は表 8.2 に示すように大きく 5 つに分類できる．試験項目や条件は開発フェーズに応じ，目的を明確にしたうえで検討する．単純な変更から新規開発までその内容によって行うべき信頼性試験のガイドラインを設け（自社で信頼性基準を設定するのが望ましいが，標準試験として，JEDEC や AEC-Q100 などの規格も参考にされたい），それに従って決定する．

その他，顧客からの要求により，特殊な試験を実施する場合もあるので，それらの情報も事前に入手しておく．

さて，5 つの試験のうち①，②については，蓄積された信頼性試験データの活用が可能であるが，ファウンドリでの評価・信頼性モニタ結果も代替デー

表 8.2　信頼性試験の分類

信頼性試験の種類	試験目的と方法
①　プロセス試験	製品に使用する拡散プロセスでの基本試験であり，使用プロセスが信頼性要求レベルを満たすかどうかを確認．原則，同一製造ライン・プロセスであること，ただし，Qualification Family* の適用が認められる． また，ファウンドリによるWLR(ウェーハレベル試験)結果を参照してもよい．
②　パッケージ試験	製品に使用するパッケージでの基本試験．使用するパッケージが信頼性要求レベルを満たすかどうかを確認．原則，同一製造ライン，部材であること，ただし，Qualification Family* の適用が認められる．
③　製品試験	製品個別の信頼性確認試験，量産品と同等のサンプルを用いて実施する．代表的な評価としてESDやラッチアップ試験がある．
④　顧客要求試験	顧客の個別要求による試験．
⑤　コンプライアンス試験	HDMI，USB PCI Expressなどの規格に適合しているかを評価確認するための認証試験．

＊Qualification Familyは代替データとして使用可能な同等製品群で，その適用については例えば，AEC-Q100 Appendix 1などにガイドラインとして定められている．

タとして参考にする場合もある(例えばウェーハレベルの信頼性としてTDDB(Time Dependent Dielectric Breakdown)やHC(Hot Carrier)などが実施されており，これらはウェーハ製造ライン，プロセスごとにモニタされている)．

一方，③～⑤は実製品を使用して実施する試験である．③の代表的な試験としてESD試験がある．この試験は，個別製品におけるESD耐性を評価する試験であり，いくつかの損傷モデルがある．代表的なモデルとして，MM(Machine Model)，HBM(Human Body Model)，CDM(Charged Device Model)があり，それぞれ試験条件・方法も異なる．(MM試験については，現在はLSI試験の標準試験法としては廃止されている．)

(1)　信頼性試験の計画手順

①　対象となる製品に対する市場でのストレスとそれによって発生すると考えられる故障のモードとメカニズムをデータベース化しておくことは信頼

性試験計画で有効な情報となる(表 1.4(p.16)参照).

通常，製品・プロセスごとに作成されるが，その一例を図 8.2 に示す.

② このデータベースは信頼性試験での故障解析結果や顧客クレーム情報によって随時アップデートされるべきもので，対象製品のプロセスやパッケージに対して，どのような不良モードが考えられ，それらに対してどのような試験を行ってその耐性を確認するのか，また工程中にどのようにスクリーニングするかについて明確化にしておくことがポイントである.

信頼性試験の計画においては，①で抽出した不良モードが何らかの試験で検証されるよう計画する.

③ 試験方法によっては，複数の試験条件が規定されている．故障モードやメカニズムが変わらない範囲において，試験条件を決める．また，故障率推定には実使用条件(ミッションプロファイル)が必要となるが，事前に顧客から情報を入手するか，過去の実績から想定される実使用条件を設定しておくことが必要である.

④ 選択したそれぞれの試験に対して適用する加速モデルを決定する．例えば，HTOL 試験では V モデル，温度サイクル試験(TC)では Manson-Coffin モデルといった具合である．これらモデルは過去の実績や評価結果から検証されたものを採用するのが望ましいが，現実的にすべての試験で独自のモデル確立は困難と思われ，ファウンドリから提供されるモデルを利用したり，JEDEC 規格など(例えば JEP 122)を参照にして検討する.

⑤ ④のモデルから加速係数を求め，故障率を推定する．推定された故障率が製品の要求レベルを満たすかどうかを確認し，必要に応じて試験数や条件を再検討する.

(2) 信頼性試験計画の実際

以下では，単純化した例を使って上記手順について説明する.

① ここでは試験対象製品について懸念される不良メカニズムを，エレクトロマイグレーション，TDDB(Time Dependent Dielectric Breakdown),

記号		故障メカニズム				故障モード	直接要因	故障の発生原理	使用環境条件（ストレス）		故障タイプ			故障の検出	
		大分類	小分類	フェーズⅠ	フェーズⅡ	フェーズⅢ			大分類	小分類	初期	偶発	摩耗	信頼性試験	スクリーニング
WO	1	酸化膜異常	ピンホール	工程異常	酸化膜異常	絶縁劣化，ショート	酸化膜欠陥	-	温度+電界	高温+電圧	○			HTOL	電気的テスト(HVS) バーンイン
	2		TDDB	工程異常	酸化膜異常	絶縁劣化，ショート	異物、キズ	-	電界	電圧	○			GOI(WLR)、HTOL	電気的テスト(HVS) バーンイン
	3			酸化膜中のトラップ準位形成	絶縁劣化	絶縁破壊	劣化	パーコレーションモデル	電界	電圧+時間		○	○	TDDB(WLR)、HTOL	電気的テスト(HVS) バーンイン
	4			Cuイオンの電界ドリフト	絶縁劣化	絶縁破壊	low-k層間膜劣化	Cuイオンドリフト	電界	高温+電圧			○	TDDB(WLR)、HTOL	電気的テスト(HVS) バーンイン
	5		可動イオン（汚染）	イオンの移動	絶縁劣化	動作マージン劣化，ショート	酸化膜中のアルカリイオン	クーロンの法則	環境	高温+電圧		○	○	HTOL	電気的テスト(HVS) バーンイン
	6		ホットキャリア	酸化膜中へのキャリア注入	素子特性劣化	動作マージン劣化	劣化	ホットキャリア注入	電界	MOSFETのSD間電圧			○	HC(WLR)、LTOL、HTOL	バーンイン
										MOSFETのゲート			○	NBTI(WLR)、HTOL	電気的テスト(HVS)
AB	2	ボンディング異常	パッド腐食					熱力学の第二法則	湿度+温度	高温					
	3		ボンディング接合部オープン	膨張、収縮の繰り返し	繰り返しストレスによる疲労	オープン	熱膨張係数の差による応力	Manson-Coffin則	温度	温度差＋材料			○	TC	TC
	4		ワイヤ切断	機械的ストレス	-	オープン	設備起因，工程異常	-	-	-	○			TC	TC
AP	1	パッケージ異常	ポップコーン現象・剥離	水分気化	膨張	亀裂，破断	外部環境・熱ストレス	Griffithの法則	湿度+温度	高温+応力			○	前処理	外観 SAT
	2		イオンマイグレーション	電気化学的反応	デンドライト成長	絶縁劣化、ショート		質量輸送，凝固理論	温度:湿度+電界	温度+湿度+電界（＋ハロゲンイオン）			○	THB，HAST，AC	電気的テスト
	3		ウィスカ	内部応力増大	ウィスカ生成	リード間ショート	腐食生成物による内部応力増大	-	-	-			○	TC,THB	外観 電気的テスト
	4			外部応力	ウィスカ生成	リード間ショート	機械的ストレス	-	-	-			○	TC,THB	外観 電気的テスト
				化学変化	強度劣化	モールド樹脂変形，亀裂，破断	高温ストレス			高温			○	HTS，HTOL	外観 電気的テスト
	9	外部環境	ソフトエラー					光電効果							
ES	1	ESD/LU	静電破壊	過電圧			外部環境・取扱い不備	Wunsch & Bellモデル	電界	過電圧，サージ					
	2			ESD	絶縁劣化，破壊	破壊，絶縁劣化	外部環境・取扱い不備	HBM,MM,CDM	電界	過電圧，サージ		○		ESD	-
	3		ラッチアップ	寄生のサイリスタ	大電流の導電	絶縁破壊，出力異常	外部環境・取扱い不備	-	電界	電源電圧変動、サージ		○		LU	-

図 8.2　故障モード・メカニズムデータベース

ボンディングパッド腐食，ボンディング接合部信頼性(オープン不良)とする(図8.3中の想定故障メカニズム).

② これらの不良に対して，データベースを参考にして最適な試験方法と条件を検討する(試験方法，試験条件).

エレクトロマイグレーション，TDDBに対する評価としてはHTOL(High Temperature Operating Life)試験が適切であり，ボンディングパッド腐食についてはTHB(Temperature Humidity Bias)，HAST(Highly Accelerated temperature and humidity Stress Test)，AC(Autoclave)試験の中から，バイアス印加の影響と加速性を考慮してBias-HASTを選択，ボンディング接合部信頼性に対してはTCを実施することとした．通常は，これらに加えて製品試験としてESD，ラッチアップ試験などが追加される.

③ それぞれの試験方法に対して想定されるモデルから加速係数を求める(加速モデルと加速係数).

加速係数と実使用条件から実施する試験での市場における相当寿命が計算できる．また，求めた加速係数と試験時間，試験数から故障0の結果であった場合の推定故障率(CL：60%)を求めている．求めた推定故障率が目標を満たしていない場合は，試験条件などを再検討することになる.

なお，故障率推定では，過去の信頼性試験データやファウンドリからの信頼性モニタ結果も活用可能である．ただし，その場合もQualification Familyの考え方を適用して，データ利用の可否を判断する必要がある.

8.2.4 量産段階［信頼性データベース，故障解析］

量産においても故障解析とそのフィードバックは重要な情報となる．量産段階での故障解析としては大きく2つのケースがある．1つは品質・歩留を改善するための解析であり，もう1つは顧客からの不具合返却品(クレーム)の解析である.

	想定故障メカニズム	故障の検出			
		試験方法	試験条件	サンプル数/ロット数	参考規格
i	エレクトロマイグレーション	HTOL	Tj=125℃/Vdd=1.44V/1000時間	77個/3ロット	JESD22-A108
ii	TDDB				
iii	ボンディングパッド腐食	Biased-HAST	130℃,85%RH/Vdd=1.32V/192時間	45個/3ロット	JESD22-A110
iv	ボンディング接合部信頼性	TC	-65℃～150℃/500サイクル	25個/3ロット	JESD22-A104

【実使用条件】
- □ 要求寿命:10年, 要求故障率:100FIT
- □ On Time:8760h/年, Tj=75℃, RH=30%(On時), Vdd=1.2V
- □ On/Offサイクル: 5回/日
- □ On/Off温度差:55 ℃

試験方法	加速モデルと加速係数	相当寿命	推定故障率（故障数：0の場合）
HTOL	・ モデル:Vモデル AF=exp(Ea/k x $(1/T_{field}-1/T_{stress})$) x exp($\beta(V_{stress}-V_{field})$) Ea(活性化エネルギー):0.8eV, k(ボルツマン定数):8.62E-5, β(電圧依存性):8 ➔ 上記条件での加速係数 ： 194	(1000x194)/8760=22(年)	0.916×10^9/(1000時間x231個x194)=20FIT
Biased-HAST	・ モデル:Power-law humidityモデル AF= $(RH_{stress}/RH_{field})^n * (V_{stress}/V_{field}) * \exp(Ea/k \times (1/T_{field}-1/T_{stress}))$ Ea(活性化エネルギー):0.7eV, k(ボルツマン定数):8.62E-5, n:3 ➔上記条件での加速係数 ： 605	(192x605)/8760=13(年)	0.916×10^9/(192時間x135個x605)=58FIT
TC	・ モデル:Coffin-Mason AF=$(\varDelta T_{stress}/\varDelta T_{field})^n$, n: 4 ➔上記条件での加速係数 ： 234	(500x234)/(5x365)=64(年)	0.916×10^9/(500/5x24時間x75個x234)=22FIT

図 8.3　信頼性試験の計画

(1) 歩留改善のための解析

LSIの量産における電気的テストには，ウェーハテストと最終テストがある．ウェーハテストは組立後の歩留がよければコストを考慮して省略される場合もあるが，ウェーハ製造工程へのフィードバックや異常ウェーハの後工程流出を防ぐ意味では，ここでの判断が重要な場合が多い．その原因を探る有効な手段が故障解析とデータ解析(ウェーハ面内傾向とかウェーハ間のばらつきなど)である．

(2) クレームの解析

クレームの解析では故障箇所や不具合状況に応じて対応することになるが，先入観をもって解析すると，重要な証拠を見逃すこともあるので，できれば標準的なフローを確立し，それに沿った解析を心がけるようにしたい．貴重なサンプルをすぐに開封してしまい，実はワイヤ間異物によるショート不良だったものが，開封によって，その異物が除去されて回復してしまったといった例は多々ある．この場合，事前にX線解析で異物の有無やワイヤ変形などを確認して開封すべきだったのである．

(3) クレームの情報データベース

クレーム情報データベースとしては，おおよそ表8.3の項目が必要と考えられる．実使用時間や使用環境など，顧客からの情報のいくつかは入手が困難と思われるが，これらの情報の有無によって故障解析の方針や信頼度予測の精度が変わることさえあるので，できる限りの情報を集めるようにしたい．

推定故障メカニズムについては表8.3の故障データベースと連動しており，製品やプロセスごとにどのようなメカニズムでどの程度の不良が発生するのか，その結果は信頼性試験結果から予測できたことなのか，デザインレビューや設計にフィードバックすべきものはないのかなどの解析に役立つ情報となる．

表 8.3 クレーム情報データベースの主な項目

顧客情報	クレーム解析情報
顧客名	品名
顧客品名	パッケージ
顧客用途(アプリケーション)	プロセス名
顧客製造ロット番号	ロット番号(拡散・組立)
顧客製造ライン	製造履歴
出荷時期	解析結果(良品・不良品判定)
不具合サンプル数	不良モード
母体数	推定不良メカニズム
使用時間または期間	推定原因
不具合発生工程	不具合工程
不具合発生状況	対策内容
不具合内容	クレーム受付日・完了日
顧客での対応状況	解析履歴
	対策実施日

8.2.5 量産からのフィードバック［FTA，ワイブル解析］

残念ながら，量産の最終テストでもパスしてしまうような不具合が発生することがある(不再現不良，NTF(No Trouble Found)と呼ばれることもある)．この不良率が見過ごせないレベルであった場合，何とか顧客での不具合発生状況を再現させる必要がある．そして，その環境をテスタ上で構築し，検出可能なパターンとして追加しなければならない．このような場合に有効な一つの手法として，第3章で述べた「FTA」がある．顧客の環境やシステムレベルの評価ボードでの解析結果から考えられる不具合原因についてFTAの手法を使って抽出し，それぞれに対して検出可能なパターンを作成して，テスタで落とせるかどうか検証するといった作業を繰り返すのである．

図8.4はFTAの一例である．このケースはセルのAC動作がマージナルで，通常パターンではPASSとなってしまうもので，セル・トランジスタ系の異常が原因と推定された．この不具合を検出するために3つの特殊テストパターンを作成し，そのうちの1つで不良として検出可能であることを確認した．最終的にはSRAMのセンスアンプ活性化タイミングに対するマージンが十分で

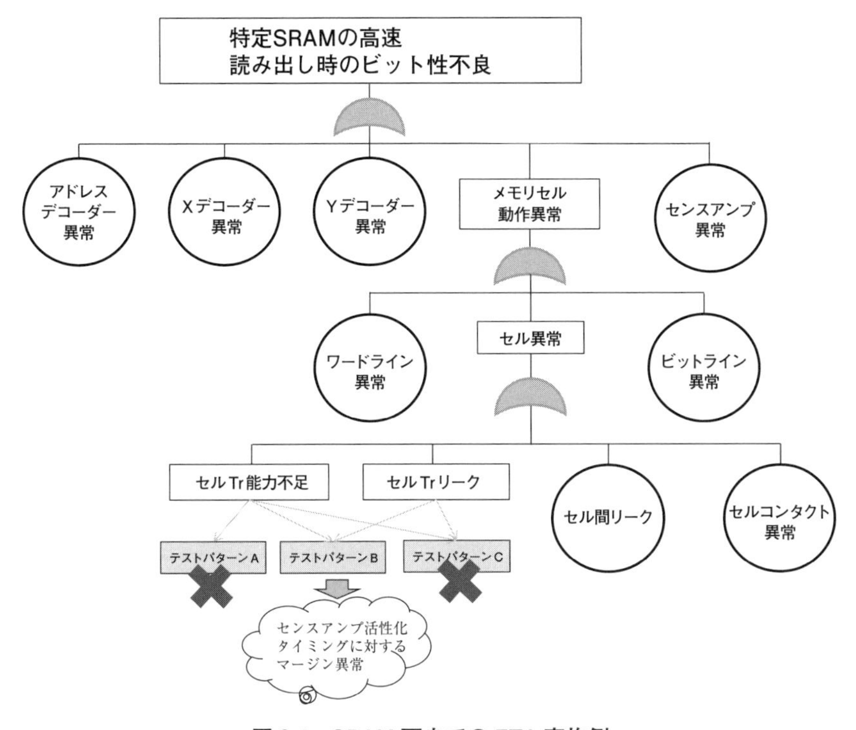

図 8.4　SRAM 不良での FTA 実施例

はなかったということが判明した．このパターンを量産でのテストに適用し，以降，同モードの不具合流出を 0 にすることができた．

ここで確認された不良モードや対策として追加されたテスト内容についてはクレーム情報データベースやテストプログラムレビューチェックシートに反映され，今後の製品では事前に検証できるようになっている．

不幸にしてクレームが発生し，それが時間やストレス回数に応じて劣化するケースであれば，ワイブル解析を行ってその寿命や故障率を推定することがある．少ないデータから正確な推定が要求されることから，故障データベース化するデータは貴重な情報として整備・蓄積していくことが重要である．

8.3

装置・機器の事例

機器とは，「いくつかのユニットや部品を組み合わせた人工の道具」を指す．ここでは機器の信頼性ストーリーとして，事務機を例に紹介する．

8.3.1　機器の信頼性の特徴

機器の信頼性には以下の特徴がある．

- サブアイテムへの機能展開や信頼度配分に影響される．
- サブアイテム間の相互作用による機器固有の不具合をもつ．
- ライフサイクルが比較的長く，保全体制を含めた検討が必要になる．
- 故障の判断が使用環境や個人差などの影響を受ける．
- 使用条件によって，固有の故障が発生する場合がある．

そこで機器では部品やサブアイテムに加え，機器の状態での信頼性確認が要求される．また機器ではライフサイクルを通じて信頼性を達成するために，初期，偶発，摩耗故障期間での信頼性を適切な指標で評価する必要がある．事務機では，図 8.5 のような指標を設けている．

信頼性ストーリーは，「製品のライフサイクルを通じた信頼性目標を効率的に達成させるステップ」である．機器の場合も，事業戦略の立案から回収・廃棄にいたるプロセスの中で，信頼性七つ道具(R7)を用いた信頼性ストーリーを活用している．図 8.6 に，事務機の商品提供の流れと R7 の関係を示す．

8.3.2　企画フェーズの活動

企画フェーズは市場要求を把握して製品仕様を決定し，機器の信頼性要求を具体化するフェーズで，その主な活動は以下のようなものがある．

- 全社戦略に基づく顧客ニーズに適合した個別商品の構想立案
- 個別商品の対象市場と QCD 目標の設定
- 使用技術を決定し，目標の実現可能性を検証して活動計画に展開　など

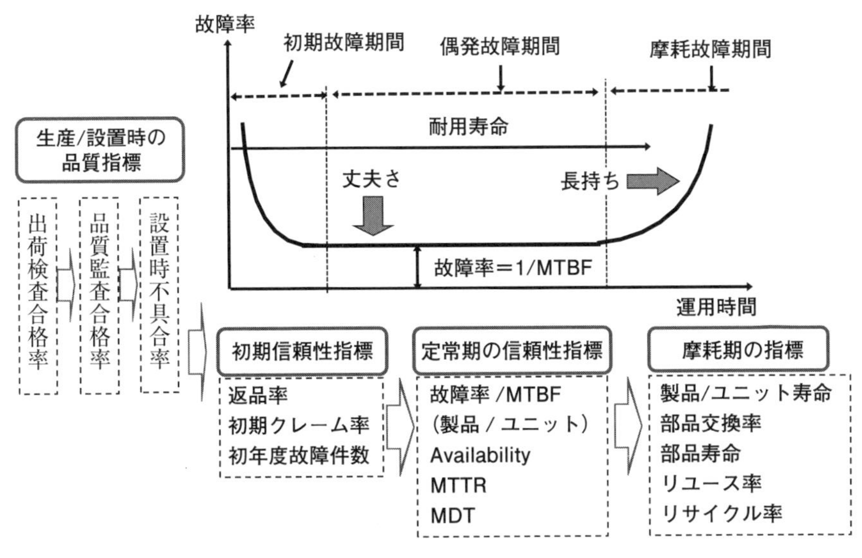

図 8.5 機器の信頼性指標の例

事務機では近年，ICT 環境下の情報端末としての役割が求められ，情報セキュリティを含め，高いディペンダビリティ(総合信頼性)[1]が要求される．新しい市場要求や使用環境に応えるには，設計段階から故障の可能性を排除する必要があり，信頼性設計の妥当性を信頼性データベースに基づくデザインレビュー[2]は重要な役割をもつ．図 8.7 はデザインレビューの基本的なステップである．

事務機の例では，デザインレビューは企画フェーズで信頼性要求を達成する総合的な設計評価の役割をもつ．FMEA/FTA 結果や市場信頼性情報などの信頼性データベースの情報，市場動向や新しい市場要求事項への対応結果はここでレビューされ，開発設計フェーズへの移行を承認する．

1) 「アイテムが，要求されたときに，その要求どおりに遂行するための能力」(JIS Z 8115 2019 01-22)で，アイテムの時間に関係する品質特性に対する，包括的な用語．

2) スケジュールを達成するために，開発活動が次の段階に進みうるかどうかを確認する手法で，チームレビューからマネジメントレビューへと段階を踏みながら，新製品開発における様々な意思決定を支援する活動．

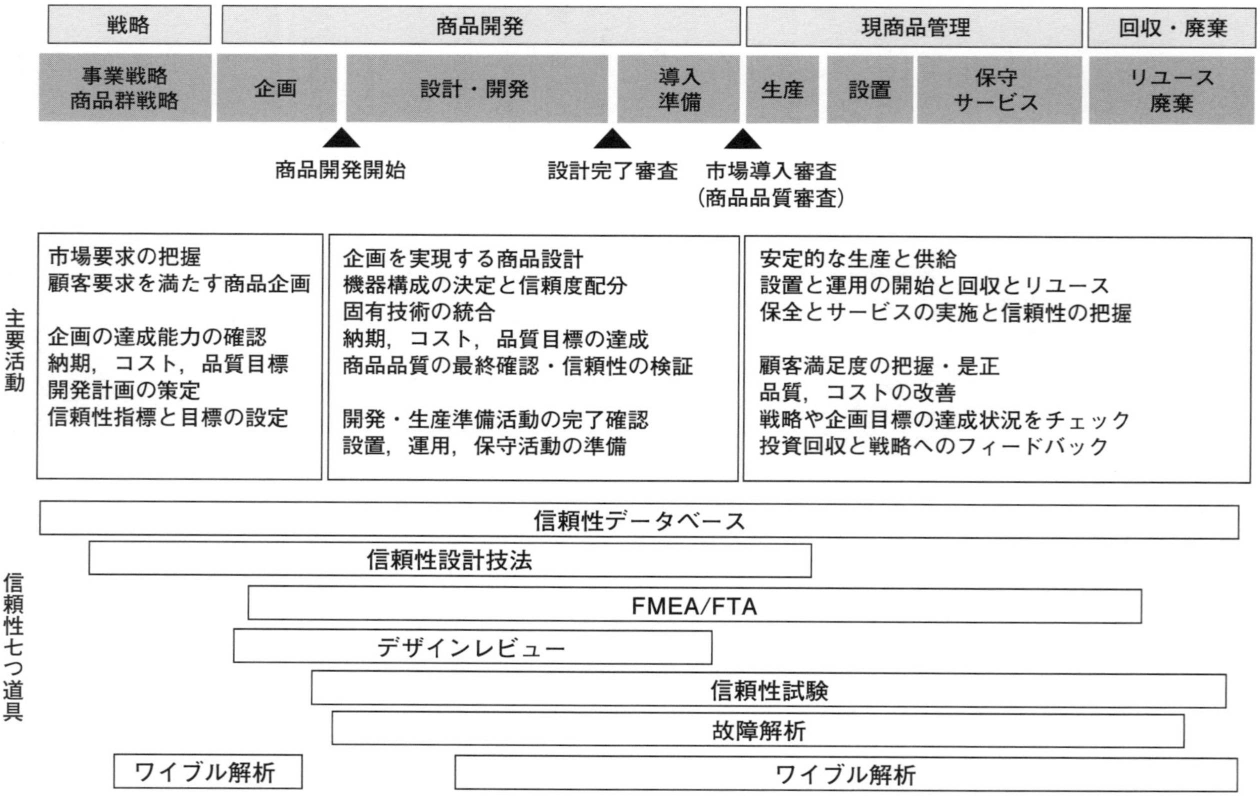

戦略
事業戦略
商品群戦略

商品開発
企画
設計・開発
導入準備

現商品管理
生産
設置
保守サービス

回収・廃棄
リユース廃棄

商品開発開始
設計完了審査
市場導入審査（商品品質審査）

主要活動

市場要求の把握
顧客要求を満たす商品企画

企画の達成能力の確認
納期，コスト，品質目標
開発計画の策定
信頼性指標と目標の設定

企画を実現する商品設計
機器構成の決定と信頼度配分
固有技術の統合
納期，コスト，品質目標の達成
商品品質の最終確認・信頼性の検証

開発・生産準備活動の完了確認
設置，運用，保守活動の準備

安定的な生産と供給
設置と運用の開始と回収とリユース
保全とサービスの実施と信頼性の把握

顧客満足度の把握・是正
品質，コストの改善
戦略や企画目標の達成状況をチェック
投資回収と戦略へのフィードバック

信頼性七つ道具

信頼性データベース
信頼性設計技法
FMEA/FTA
デザインレビュー
信頼性試験
故障解析
ワイブル解析
ワイブル解析

図 8.6　商品提供の流れと R7 の関係

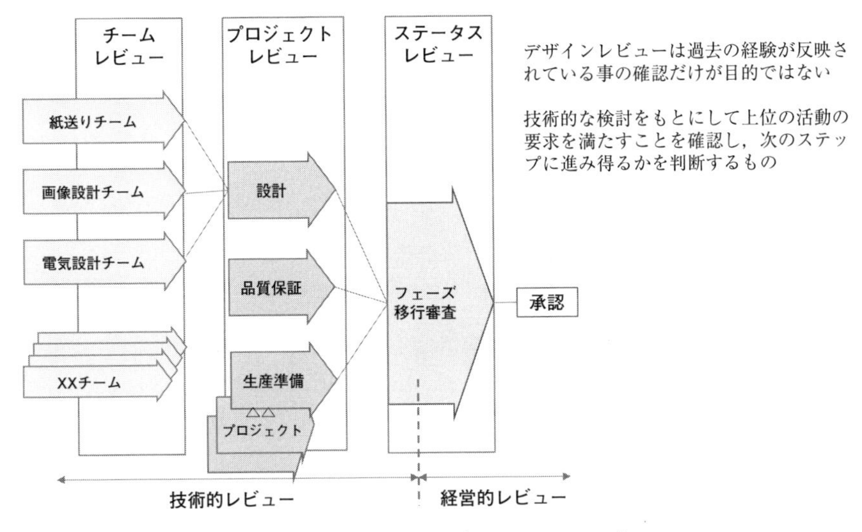

図 8.7 デザインレビューのステップ

8.3.3 開発・設計フェーズの活動

開発・設計フェーズは信頼性設計技法を活用して故障を回避し，また設計余裕を確保するフェーズで，FMEA/FTA をはじめ，故障解析や信頼度予測，また過去の系統的故障の原因除去や影響緩和を通じて信頼性を確保する．

事務機の例として，図 8.8 の例に示すようなプリンタを取り上げる．信頼性要求はサブアイテム設計とそれらを統合したすり合わせ技術[3)]による機器設計で信頼性設計技法を活用して達成する．プリンタ開発・設計フェーズではプリンタ全体の信頼性目標が各サブアイテムに配分され，信頼性設計はまずサブアイテムごとに行う．その結果を検証したうえで，すり合わせ技術を用いてプリンタとしての信頼性設計を行う．ここでは，直交表の活用や SN 比に着目したロバストネス(頑健性)を確保するパラメータ設計などの品質工学が有力な手法となる．

3) 部品やサブシステムを相互に調整して，機器に要求される品質を獲得する技術．

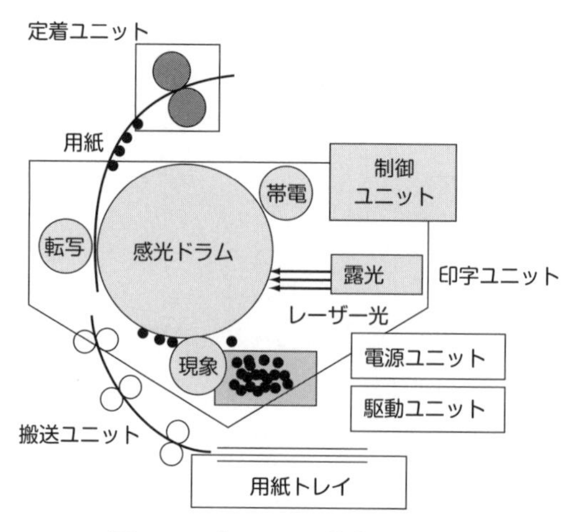

図 8.8　プリンタの基本的な構造

ここで大切なことは，すり合わせ技術を用いて設計する前に，サブアイテムの信頼性が達成可能であることを技術的な証拠(設計根拠)で明確にしておくことである．この設計根拠の情報には選択技術や信頼性設計の内容，強度計算やシミュレーション，FMEA/FTA，部品や材料の信頼性情報，類似部品の市場信頼性実績，試験結果などがあり，設計根拠情報としての適切さの判断は，図8.9にあるような設置環境や動作環境を基に，これまでの故障解析結果，想定される故障メカニズムや故障モードなどの情報を用いて行う．

サブアイテムの信頼性を確保したうえで，すり合わせ技術を用いて，多様な条件下でも安定して機能を発揮するパラメータ設計を行う．ここでも図8.10にあるような，設置環境，使用条件に基づく市場のストレス情報や特徴などの信頼性データベースの活用が欠かせないものとなる．

プリンタでは，多様なストレスが複合する条件での設計検証や，妥当性確認と特定の条件下での不具合の発生防止[4)]が求められる．そこで直交表を用いて重要なストレス要因の影響を効率的に評価するとともに，過去の故障経験か

4)　特定の使用条件や環境で発生する系統的故障に相当する故障のこと．

設置環境

設置場所	換気，埃，ノイズ
温湿度	高温多湿，低温低湿
用紙	厚さ，サイズ，紙質
出力	枚数，インターバル
イメージ	文書，グラフィック
ホスト	PC，サーバー，端末

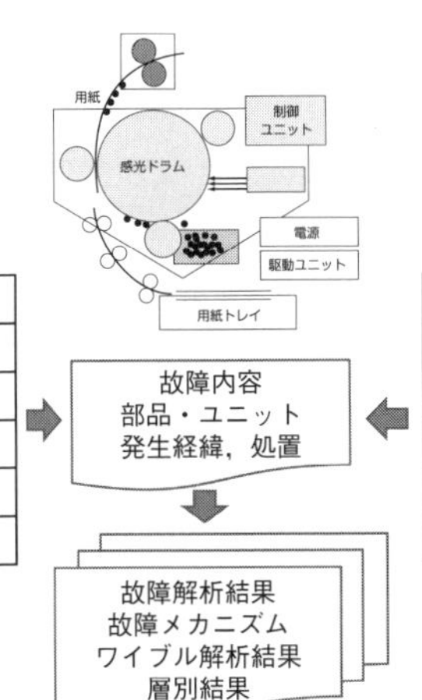

市場情報

顧客情報	業種，設置環境
故障	紙送り，画質，動作
クレーム	騒音，臭気
故障箇所	ユニット名，部品名
発生状況	回復，頻発，動作停止
処置	交換，調整

図 8.9 信頼性データベースの情報例

試験No.	環境	走行モード	用紙サイズ	データ量	出力イメージ	用紙紙質	原稿紙質	原稿書式	電源電圧
No.1	高温高湿	連続	混合	多い	図面	厚紙	厚紙･薄紙	コピー	高圧
No.2	低温低湿	断続	混合	少ない	テキスト	普通	厚紙･薄紙	コピー	低圧
No.3	高温高湿	連続	固定	少ない	画像	薄紙	普通	印刷	通常
No.4	低温低湿	連続	固定	多い	図面	薄紙	厚紙･薄紙	印刷	通常
No.5	高温高湿	断続	混合	平均的	画像	普通	普通	手書き	低圧
No.6	低温低湿	連続	混合	平均的	テキスト	厚紙	普通	手書き	高圧

その他
ノイズ条件
レスト時間
清掃の有無
用紙水分
原稿繰り返し
など

特殊用紙試験	市場別にクレームとなった用紙での確認試験
環境変動試験	夏場，冬場などのオフィス環境変動条件での確認
用紙組み合わせ試験	クレームとなったサイズや紙質の組合せ
多紙粉紙試験	紙粉が多い用紙での影響確認や前任機との比較
トナーブロッキング試験	高温，高湿，長時間でのブロック発生
市販用紙走行性	販売実績の多い用紙での走行性確認
特殊環境試験	温度勾配，湿度勾配とその組合せ
誤操作試験	意図的な誤操作，手順の無視など

図 8.10 信頼性確認のための試験条件の例（プリンタ）

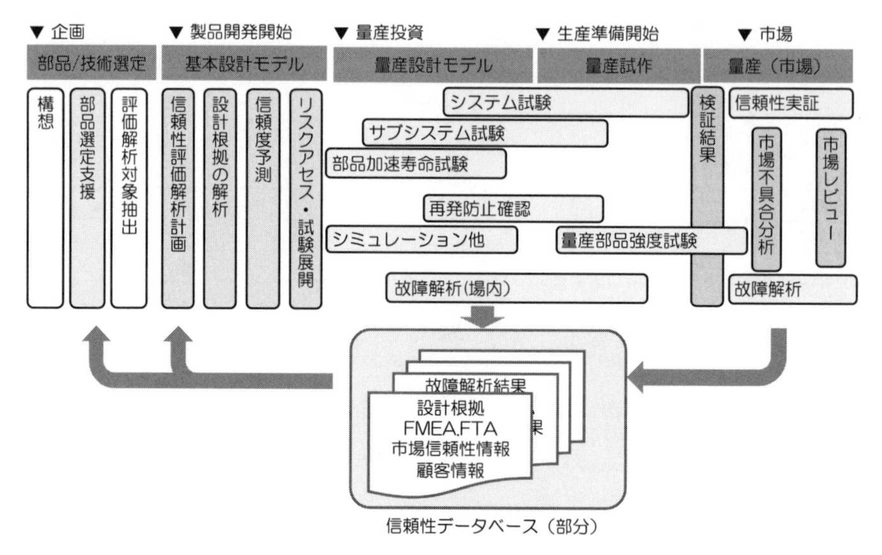

図 8.11　設計根拠の確認と試験の組合せ

ら，機器固有の不具合につながる特定の条件の組合せをまとめ，新製品における故障現象撲滅型の確認条件に反映している．

プリンタのような機器の信頼性を試験だけで評価するには膨大な時間と費用を要する．そこで，図 8.11 に示すように信頼性試験の前に，サブアイテムの設計根拠に着目した信頼性評価を行い，設計余裕が少ないなどの懸念点を明らかにすることで，不具合発生を待って原因を追うという後手管理を防止する．これには信頼性データベースに蓄積した強度計算やディレーティングなどの基礎情報，実際の市場実績，故障メカニズムなどの情報や比較分析などの情報から，設計根拠としての充分性を確認する．そのうえで，信頼性試験や市場実績データを積み上げて，信頼性データベースとして蓄積・再利用することで，信頼性改善に生かしている．

8.3.4　生産準備，生産フェーズの活動

このフェーズは安定生産だけでなく，工程内の要因による信頼性問題を発生させない役割をもつ．プリンタでは図 8.12 のような情報を整理して，工程

	マウント	接着	検査	輸送・保管	製品Assy	設置	使用
ストレス	振動・衝撃 応力 埃・ゴミ	熱 応力 汚れ はんだクズ	応力 電圧 電流 静電気	振動・衝撃 温度・湿度	振動・衝撃 温度・湿度 応力 電流・電圧 静電気	振動・衝撃 温度・湿度 応力 静電気 電磁波	振動・衝撃 温度・湿度 応力 埃・汚れ 電流・電圧
故障モード	部品破損 ピン曲がり 異物付着 接触	部品破損 変形・変質 接触不良 強度不足	部品破損 剥離	部品脱落 異物落下・付着	部品破損 接触不良 異物落下・付着	誤動作 部品破損 クラック	略

図 8.12　工程ストレスと故障モードの例

FMEAや調達FMEAを用いて，生産原因による設計余裕の減少や瑕疵を防止する活動を行う．

さらに出荷検査や工程監査では，信頼性に関わる時間依存の問題点の検出が難しいために，量産品で定期的に信頼性実証試験[5](RDT)を行い，信頼性の維持を確認する．この試験では故障率や故障情報だけでなくパラメータの変化や部品の摩耗状況など様々な技術情報が得られるため，信頼性データベースの強化につなげるうえでも有効である．

8.3.5　設置，運用，保守フェーズの活動

多くの機器と同様，定期的な消耗品の補給や部品交換が必要となるプリンタでは，図8.13のように市場の故障情報，部品交換情報だけでなく，顧客情報，設置環境，保守サービス，クレームや要望などの市場情報をすべてデータベース化して活用している．

市場の部品交換データはすべてワイブル解析を行うが，市場の寿命(交換)分布をとらえるために，故障時間のデータだけなく，交換理由，顧客ごとの稼働時間，出力枚数，未故障のデータ，使用環境なども収集する．

これらの情報の信頼性データベースへの蓄積はプリンタを構成するサブアイテムの信頼性設計に欠かせないもので，新製品開発での技術選択や設計の際の

5)　RDT：Reliability Demonstration Test

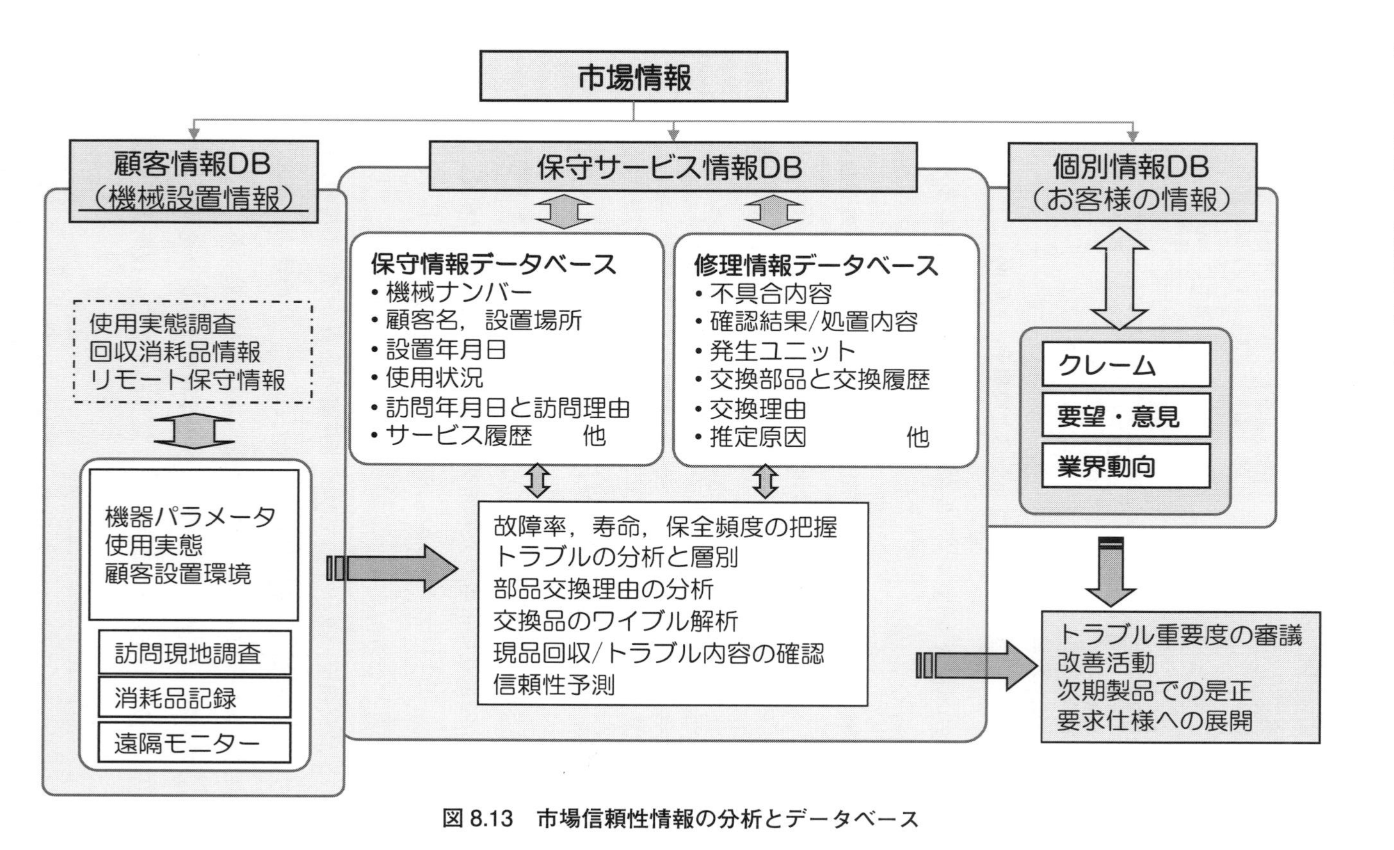

図 8.13　市場信頼性情報の分析とデータベース

ストレス展開にも役立つ.

8.3.6 回収，再利用，廃棄フェーズの活動

循環型社会形成のために再資源化と部品リユースによる廃棄の最小化は重要な設計テーマである．プリンタでは，企画フェーズでリユース可能な部品を選定して寿命設計を行う．その内容は穴位置の共通化や分解性まで含むもので，故障解析やFMEAなどの信頼性設計技法に基づく故障の予測と防止が求められ，信頼性データベースの果たす役割は大きい.

部品のリユースは資源循環という点で優れるが，リユース部品を用いた製品の信頼性は，すべて新品の部品を用いた製品と同じ信頼性の保証を要求される[6]．こうした活動を可能にするのも，設計活動を通して体系的に蓄積した信頼性データベースと，図8.13で紹介した市場情報である．プリンタではサービス網を通じた設置環境や使用履歴の把握や，回収品の使用履歴などの分析情報と合わせて信頼性の保証を可能にしている．リユースは分解，回収，分別などのコストや技術的な陳腐化など設計段階でクリアすべき課題は多い．信頼性の面でも部品の残存寿命予測，長寿命部品の寿命予測などの課題対応が必要となる.

プリンタを例に機器の事例概略を紹介したが，お客様の要求はライフライクルを通じた総合信頼性(ディペンダビリティ)[7]の確保へと拡大している．効率的な新製品開発を継続的に行うだけでなく，ライフサイクルの各段階の信頼性目標を，関連性をもたせて達成するうえで，信頼性ストーリーは欠かせない手法となっている.

---

6) IEC 62309 “Dependability of products containing reused parts-Requirements for functionality and tests” にある要求事項で，この規格はJIS Z 5750-4-1としてJIS化されている.

7) アイテムが要求されたときに，その要求どおりに遂行するための能力(JIS Z 8115：2019 192-01-22).

8.4

システムにおける信頼性ストーリーの活用

本節では，大規模システムにおいて，「信頼性ストーリーのデザイン」を行い，それに基づいて信頼性タスクを実行する，系統的で効率的な活動事例を紹介する．

JIS Z 8115：2019「ディペンダビリティ（総合信頼性）用語」[4] の定義によれば，システム[8]とは，「要求を満たすために集合的に振る舞う，相互に関連する一組のアイテム」のことであるので，構成要素の数が2つ以上であればシステムといえる．そこで本節では，これまでの節で取り上げた製品よりも大規模なシステムを取り上げる．対象とするのは，複数の装置から構成されるシステムである．

例えば，通信システム，放送システム，情報システム，鉄道システム，航空システム，交通システム，物流システムなどを担う装置群のライフサイクルにおける信頼性ストーリーについて述べる．これらは，例えば，通信装置，放送装置，情報機器，列車，航空機，自動車，物流機器などといわれる製品である．

8.4.1　大規模システムに用いられる装置の信頼性問題の特徴

大規模システムでは装置レベルのサブシステムまたはユニットで構成される．各装置は数百から数千の部品・デバイスから構成される．大規模システムは，通常，公共や業務の用途が企図されるため，高品質，高信頼性，高安全性が要求される．しかし，価格，重量，容積などの要求事項とのトレードオフで，ほとんどの部分は信頼性において直列モデルの構成になる．システムに要求される信頼性目標値を達成するために，システムの一部でユニットまたはサブシステムレベルでの冗長構成も用いられるが，通常は部品・デバイスの信頼

8)　システム（system）（192-01-03）

性の高さ，信頼性設計の確かさおよび運用段階の保全や補給の支援活動に支えられてシステムの高信頼性・高安全性を維持している．

8.4.2　信頼性ストーリーのデザイン

文献[1]の序章4によれば，信頼性ストーリーは製品への信頼性の作り込みのステップであり，その作り込みのツールとしてまとめられたのがR7である．製品のライフサイクルにわたるR7の活用の場面は，本書1.4節の表1.2「品質保証のフェイズと信頼性七つ道具」にまとめられている．

新製品の開発や，既存製品のモデル更新の際などに，製品のライフサイクルの各段階で，R7をどのように適用して，信頼性の作り込みを進めていくかを，事前に決定することを「信頼性ストーリーのデザイン」という．単純な製品では，ライフサイクル全般に関わる信頼性データベースを除く，6つのツールは，R7の番号順に段階に沿って適用していくと達成できるので，あえてデザインする必要はないかも知れない．しかし，複雑なシステムでは，あらかじめ信頼性ストーリーをデザインし，R7適用のマッピングをしておくことが必要である．これにより信頼性ストーリーの見える化がなされ，多数の関係者がこれを共有することにより，システムの隅々まで，漏れなく間違いなく，効率的に信頼性の作り込みを進めることができる．

8.4.3　公衆用無線通信装置における信頼性ストーリーの事例

ここでは，無線通信システムの種々の装置を生産する工場における共通的に活用された高信頼性作り込みのために利用するR7マップづくりについて紹介する．

信頼性ストーリーをデザインする一般化した手順を示しつつ，公衆用無線通信装置への適用を説明する．

(1)　信頼性ストーリーづくり（信頼性作り込み手順）の対象製品を決める

この例では対象製品は，工場で生産される「公衆用無線通信システムの構成

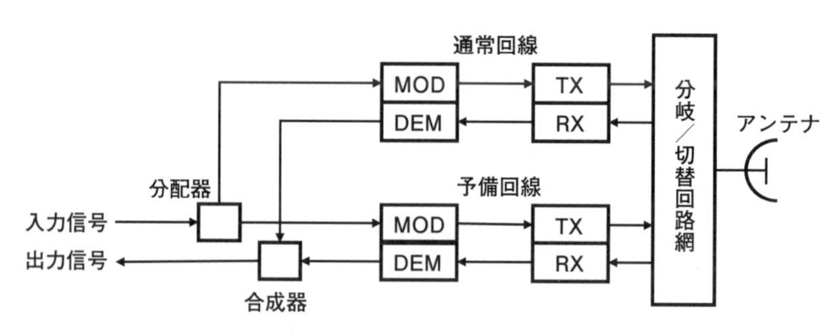

（凡例）　TX：送信装置，RX：受信装置，MOD：変調器，DEM：復調器

図 8.14　公共無線通信システムの中継器構成の例

装置全般」である．それらに共通する信頼性ストーリーをデザインすることが目的である．

いろいろな種類の装置があるが，一例として小容量のディジタル無線通信システムで用いられる中継器の機能ブロック図の一部を図 8.14 に示す．

この装置は，入力されたベースバンド（低周波帯）の送信信号は分配器で常用チャンネルと予備チャンネルに分けて送られ，復調器でマイクロ波帯（高周波帯）に変えられる．常時は，分岐 / 切替回線網の中で常用チャンネル側にスイッチが入っているので，常用チャンネルを通った高周波信号のみがアンテナに送られて送信される．もし，常用チャンネル側の装置が故障すると，スイッチはただちに予備チャンネル側に切り替えられ，予備チャンネルを通った高周波信号が送信される．すなわち，送信の場合は熱予備の待機冗長系になっている．一方，アンテナから受信されたマイクロ波信号は分岐 / 切替回路網の中の分配器で常用チャンネルと予備チャンネルに分けて送られ，変調器でベースバンドに下げられ，そこで両チャンネルの信号が再び合成されて出力される．すなわち，受信の場合は，常用冗長系になっている [9]．

9)　この場合，どちらか一方のチャンネルが故障すると，合成後の信号電力は下がるが，その程度の変動は許容できる設計になっているので，システム故障にはならない．

(2) 対象製品のライフサイクルの段階を確認する

ライフサイクルの段階(フェイズ)は米軍規格に基づくもの，国際規格(IEC や ISO など)に基づくもの，産業分野で決めているもの，企業が独自で決めているものなどがある．R7 では前出の表 1.2(p.9)で品質保証のフェイズを用いて，それぞれのフェイズで適用できるツールを示している．

公衆用無線通信システムの例では，図 8.15(a)に示すように各段階を設定した．これは国際規格 IEC のフェイズを参考にしている．

(3) 信頼性ストーリーの利用者を明確にする

信頼性ストーリーを実行し利用する立場の人は誰なのかを確認しておく．すなわち，製造業者(メーカー)の立場か，運用者(ユーザー)の立場か，エンドユーザー(消費者など)の立場かを明確にする．

公衆用無線通信システムの例では，装置メーカーの立場で作成し，生産工場で運用することを目的としている．

(a) 製品のライフサイクルの各段階

構想・定義段階	設計・開発段階	製造段階	据付け段階	運用・保全段階	廃却段階

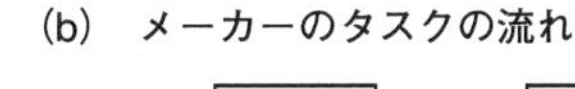

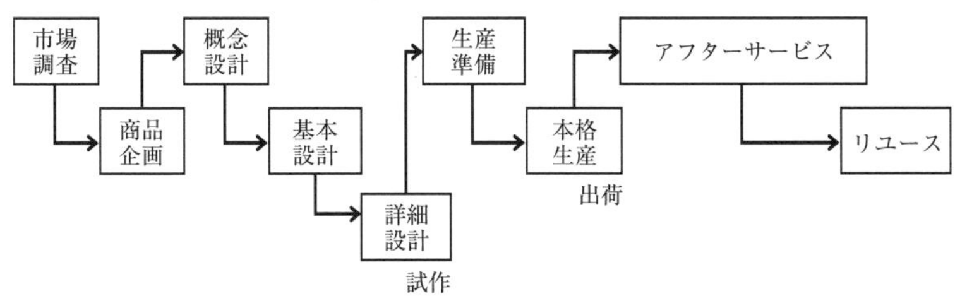

(c) タスク表

市場調査	商品企画	概念設計	基本設計	詳細設計	生産準備	本格生産	現地サービス	更新

図 8.15 製品のライフサイクルにおけるタスクの設定

(4)　製品のライフサイクルにわたり，各段階で実施されるタスク(作業)を明確化し，それらの時間的流れを確認する

製品の生産活動において必ず実行するタスク(作業)を段階(フェーズ)に沿って洗い出す．通常，大分類，中分類，小分類などに整理されているが，全体マップは大分類のタスクを考える．各段階では中分類や小分類のタスクに分けて整理する．工場などで過去の経験が豊富な場合は，周知のタスクを取り上げればよい．

ライフサイクルに沿って同定したタスクの時間的な流れを確認する．

公衆用無線通信システムの例では，図8.15の(b)に大分類のタスクを示す．アフターサービスを含めたすべての生産活動の進行をタスクの連鎖で表現している．対象の製品は販売後ユーザーの所有になるため，廃却段階でメーカーがリユースすることは基本的にはない．ただ，地球環境問題の高まりを背景に，メーカーとしてユーザーへの提案事項はないかを検討する．

(5)　タスクを整理し，ライフサイクルに沿ったタスク表にまとめる

タスクの表現は(4)の流れ図でもわかるが，タスク表にまとめるとコンパクトに表現できる．

図8.15の(c)に公衆用無線通信システムのタスク表を示す．

(6)　タスク表の各タスクの遂行において，信頼性を作り込むための適切な信頼性活動(設計，解析または評価)を決定し，利用できるR7を取り入れる．必要により，R7以外のツールも取り入れる

信頼性ストーリーのデザインのコア部分である．表1.2(p.9)を参考にしながら，対象製品のタスクで合わせて，実行しなければならない信頼性ツールを選んでいくとよい．

このために，信頼性レビューチームを編成して次の活動を行うとよい．

① 対象とするタスク(作業，業務)ごとに，信頼性・安全性に関わるタスク(サブタスク)を確認する．

② 製品群で共通に実施されている信頼性・安全性タスクと，特定の製品に対して実施されている信頼性・安全性タスクを区分する．

③ 信頼性・安全性タスクの実際の遂行状況を調査し，顧客の要求事項，活動の状況および効果などを評価して，そのタスクの必要性の格付けを行う．

④ 対象とするタスクに必要な信頼性・安全性タスクの抜けがないかどうかを調査する．抜けがある場合は③と同様の調査および評価を行い，そのタスクの必要性を格付けする．

⑤ 必要性の低い順に信頼性・安全性タスクの一覧表を作り，会議によりタスクの継続の可否を決定する(仮決定もあり)．

⑥ 必要性が高いと確認された信頼性・安全性タスクの遂行に有効な品質・信頼性ツールを選定する．R7 が適用可能ならば，優先的に選定するとよい．

(7) 以上の結果を，対象製品の R7 マップ(信頼性ツールマップ)としてまとめて，見える化する

公衆用無線通信システムで作成された，工場で共通的に利用される信頼性ツール(R7 ＋その他)マップの例を図 8.16 に示す．この図はトップに置かれる全体像であり，ここに書かれている信頼性タスクがすべての製品に行われるものではない．顧客からの要求や技術的な必要性を考慮して，製品ラインごとに実施する信頼性タスクの詳細は決められるが，紹介は割愛する．

図 8.16 の補足説明をしておこう．信頼性データベース(RDB)は製品のライフサイクルにわたり共通に利用される．また，他の信頼性タスクを実施した成果は信頼性データベースに加えられる．ツール間の情報の授受を矢印で示すとさらに明確に表現できるが，この図では煩雑になるので省略している．

デザインレビューは，開発・設計段階に限定した狭義のものに加え，日本的デザインレビューの概念に基づいて後工程でも実施される広義のものを加えているが，一本化して表現してもかまわない．

また，信頼性試験，故障解析およびワイブル解析のセットを「三位一体の信頼性解析」といい，連携をとって実施するが，図 8.16 においては設計・開発

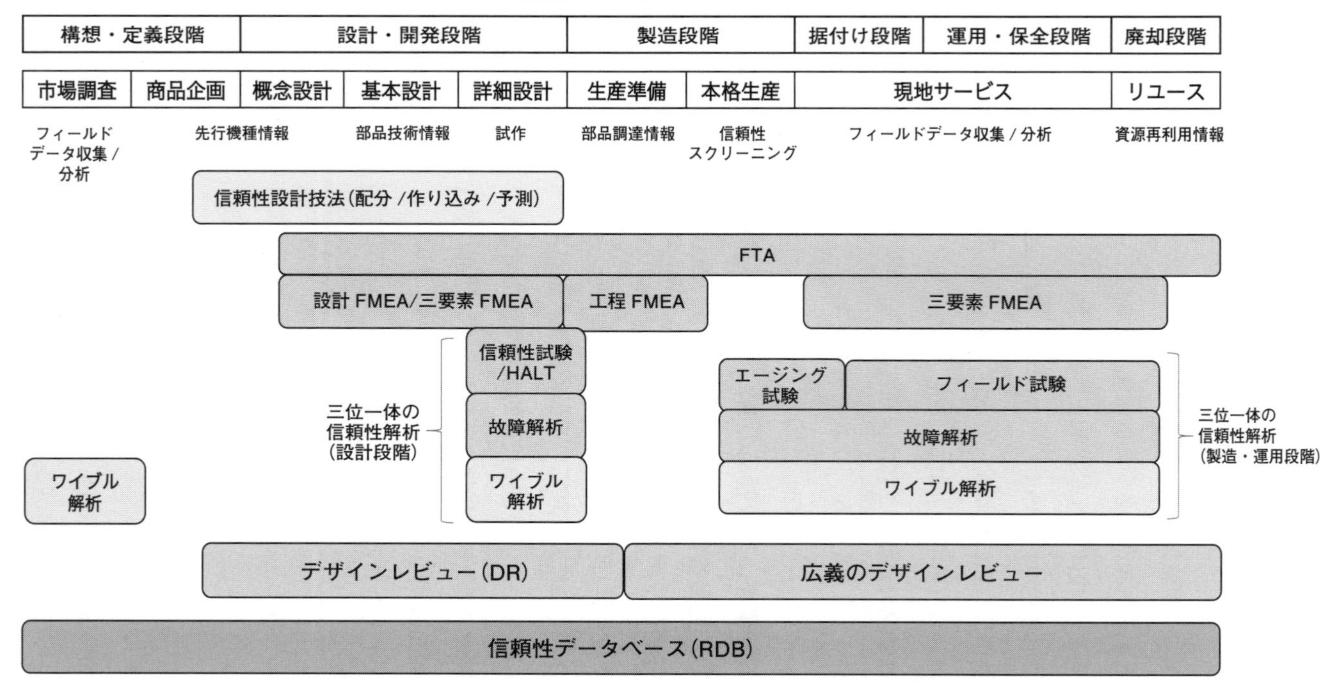

図8.16　公衆用無線通信システムの信頼性ツール(R7＋他)マップの例

段階とそれ以後の段階に分けて実施される．設計・開発段階では試作品に基づく技術的評価を目的とするものであるが，その後の段階では実機に基づく情報収集と信頼性評価を目的とするものとなる．この図は，実際の製品に即して，前出の表 1.2 を精緻にしたものといえる．この全体マップに基づいて，各段階(フェイズ)，各タスクにおける具体的なマップが作られ，それに基づいて工場で必要な信頼性標準類が見直され整備された．

8.4.4　大規模システムの信頼性ストーリーのフォローアップ

大規模システムにおいて，8.4.3 項に述べたように信頼性ストーリーをデザインし，標準類を整備することは，総合信頼性マネジメント活動(DMS：dependability management system)を系統的かつ総合的に遂行するのに役立つ．

あらかじめ設定された信頼性タスクを製品ライフサイクルに沿って計画的に確実に実行することにより，必要な信頼性情報やデータを系統的に適切に取得することが可能になる．

信頼性活動を実行中に，設定された信頼性ストーリーの不具合や欠陥が発見された場合は，速やかに信頼性ストーリーと信頼性ツールマップの修正を行い，信頼性ストーリーの完全化を図っていくことになる．

【第 8 章の参考文献】

［1］ 信頼技術叢書編集委員会監修，鈴木和幸編著，CARE 研究会著：『信頼性七つ道具 R7』，日科技連出版社，2008 年．
［2］ 渡部良道，村上幸男：「信頼性七つ道具　信頼性ストーリー」，『クオリティマネジメント』，Vol.62，No3，2011 年．
［3］ 市田崇，牧野鉄治：『デザインレビュー』，日科技連出版社，1981 年．
［4］ JIS Z 8115：2019「ディペンダビリティ(総合信頼性)用語」
［5］ 信頼性技術叢書編集委員会監修，益田昭彦編著，鈴木和幸，原田文明，山悟，横川慎二著：『信頼性試験技術』，日科技連出版社，2019 年．
［6］ JIS Z 5750-4-1：2008「ディペンダビリティ管理－第 4－1 部：適用の指針－リユース部品を含む製品のディペンダビリティ－機能性及び試験に関する要求事項」，2008 年．

あとがき

信頼性七つ道具(R7)が生まれるまでの経緯は前書『信頼性七つ道具 R7』のまえがきに詳しく述べられているので，繰り返すことは止め，ささやかな裏話を紹介する．

前書を世に問うたのは2008年で，実に12年の歳月が経過した．2008年当時，本書の著者の一人である鈴木和幸先生の研究室に毎月集まって，信頼性や品質管理などを自由気ままに議論していた「CARE」という同好会的集まりがあった．CAREとはComputer Aided Reliability Engineeringの略である．鈴木先生の他は皆企業人で，先生の教えを乞うたり，抱えている信頼性・安全性問題を持ち込んでの談論風発，楽しい会合であった．そうした中で，なんと日科技連出版社との縁で『CARE：パソコン信頼性解析法』という書籍まで出してしまったのである．実は，信頼性七つ道具の前書も似たような経緯でCAREの会合から生まれたものであるが，まとめ上げる過程では監修にあたられた鈴木先生の尽力に負うところが大きい．前書はR7の普及啓蒙を念頭に置いて，学生やすべての企業人が簡単に読了できることを企図したものである．さらに，前書の出版が契機の一つになったと思われるが，日本品質管理学会規格の『品質管理用語』に「信頼性七つ道具(R7)」が採用された[1)]．商品企画七つ道具(P7)，QC七つ道具(Q7)と合わせて，七つ道具のPQRシリーズになっている点に留意されたい．

閑話休題，前書の出版から10年余りが経過し，世間ではIoTやAIがごく普通の会話で使われる時代になった．その間に，R7のそれぞれのコンテンツも変化し発展しており，それらを補う続編の必要性が浮上した．そこで『信頼性七つ道具 応用編』という書名を決め，二川清先生に全体の監修をお願いして，プロジェクトを始動した．10年のギャップは執筆メンバーにも変化が生

1) (社)日本品質管理学会標準委員会編：『日本の品質を論ずるための品質管理用語 Part 2』，“信頼性七つ道具”，pp.121-123，日本規格協会，2011年．

じたが，最新の研究や事例を紹介しつつ，R7の解説書としても初めての読者にわかるように方針を定め，適材適所の著者の人選を行い，むずかしい舵取りを行いながら，本書の発行にいたったのは一重に二川先生のおかげである．

本書の特長は「信頼性ストーリー」を独立した章とした構成にある．製品に信頼性を作り込むために，R7をどのように適用していくとよいのかをいろいろな角度からまとめたものであり，まさに応用編の要になる．読者の方々には，本書を参考にして，対象の製品にR7を適用して信頼性を作り込む活動をしていただくことを期待する．さらに，その結果を，成功例のみならず，失敗例も含めて，学会などで公表していただけるとありがたい．信頼性ストーリーを蓄積することにより，信頼性七つ道具(R7)の有効で効率のよい適用に益するものと考える次第である．

2020年4月22日

著者を代表して

益　田　昭　彦

演習問題の略解

［問題 1.1］

ステップ1：信頼性データベース

ステップ2：信頼性設計技法

ステップ3：FMEA，FTA

ステップ4：デザインレビュー（DR）

ステップ5：信頼性試験

ステップ6：故障解析

ステップ7：ワイブル解析

［問題 2.1］

ウ．SPC

SPC は統計的工程管理であり，主に製造工程の管理手法として使用される．

［問題 2.2］

イ．設計余裕

実際の電力より大きな定格の部品を使うことにより，負荷が軽減されて信頼性が向上する．

［問題 2.3］

オ．歩留向上

p.38 を参照．

［問題 3.1］

オ．自己防衛機能

機会があれば該当文献を参照するとよい．

［問題 3.2］

イ．$S \times O \times D$

［問題 3.3］

エ．$ab + ac + bc - 2abc$

図の塗りつぶし部分が該当する．中央部分は三重にカウントされているので，2abc を引く．

[問題 4.1]

イ．非公式デザインレビュー（IDR）

[問題 4.2]

ア．信頼性データベース，ウ．FMEA/FTA

[問題 4.3]

ア．感性，イ．客観性，オ．能力

[問題 5.1]

ウ．約 36 万 km

マイナー則から，$\frac{n_1}{N_1}+\frac{n_2}{N_2}+\frac{n_3}{N_3}=\frac{1}{L}$

ここで，L =寿命，$n_1=3$，$n_2=24$，$n_3=110$，$N_1 = 1.2\times 10^6$，$N_2 = 9.6\times 10^7$，$N_3 = 4.4\times 10^9$ であるから，

$$\frac{3}{1.2\times 10^6}+\frac{24}{96\times 10^6}+\frac{110}{4400\times 10^6}=\frac{2.775}{10^6}\approx\frac{1}{360360}$$

$$\therefore L\approx 360000$$

[問題 6.1]

ウ．電磁波

[問題 6.2]

イ．TEM（透過電子顕微鏡）

[問題 7.1]

エ．信頼度

[問題 7.2]

ウ．ワイブル分布

索　引

［た行］

監修者紹介

益田昭彦（ますだ　あきひこ）　第3章，第4章，第8章 執筆担当

1940年川崎市生まれ．

電気通信大学大学院博士課程 修了．工学博士．

日本電気㈱にて通信装置の生産技術，品質管理，信頼性技術に従事(本社主席技師長)．帝京科学大学教授，同大学大学院主任教授，日本信頼性学会副会長，IEC TC 56信頼性国内専門委員会委員長などを歴任．

現在，信頼性七つ道具(R7)実践工房 代表，技術コンサルタント．

主な著書に，『品質保証のための信頼性入門』(共著，日科技連出版社，2002年)，『新FMEA技法』(共著，日科技連出版社，2012年)がある．

工業標準化経済産業大臣表彰，日本品質管理学会品質技術賞，日本信頼性学会奨励賞，IEEE Reliability Japan Chapter Award(2007年信頼性技術功績賞)．

鈴木和幸（すずき　かずゆき）　第1章 執筆担当

1950年渋谷区生まれ．

東京工業大学大学院博士課程 修了．工学博士．

電気通信大学 名誉教授，同大学大学院情報理工学研究科 特任教授．

主な著書に，『信頼性・安全性の確保と未然防止』(日本規格協会，2013年)，『未然防止の原理とそのシステム』(日科技連出版社，2004年)，『品質保証のための信頼性入門』(共著，日科技連出版社，2002年) がある．

Wilcoxon Award(米国品質学会，米国統計学会,1999年)，デミング賞本賞(2014年)．

二川　清（にかわ　きよし）　全体編集，第6章，第7章　執筆担当

1949年大阪市生まれ．

大阪大学基礎工学部物性物理工学科卒業，同大学院修士課程修了．工学博士．

NEC，NECエレクトロニクス，大阪大学などで信頼性の実務と研究開発に従事．

現在，デバイス評価技術研究所　代表．

主な著書に『半導体デバイスの不良・故障解析技術』(編著，日科技連出版社，2019年)，『はじめてのデバイス評価技術 第2版』(森北出版，2012年)，『新版 LSI故障解析技術』(日科技連出版社，2011年)がある．

信頼性技術功労賞(IEEE信頼性部門日本支部)，論文賞(レーザ学会)などを受賞．

著者紹介

石田　勉(いしだ　つとむ)　第3章 執筆担当

1946年飯山市生まれ.
信州大学工学部電気工学科卒. 日本ケミカルコンデンサ㈱で品質管理, 製品開発等に従事後, 日本アイ・ビー・エム㈱で, 製品保証, ソフトウェア品質, お客様満足度調査等に従事. 現在, 日本科学技術連盟主催信頼性セミナー講師. 日本信頼性学会シンポジウム実行委員.
主な著書に『信頼性七つ道具 R7』(共著, 日科技連出版社, 2008年),『信頼性データ解析』(共著, 日科技連出版社, 2009年)がある.

原田文明(はらだ　ふみあき)　第5章, 第8章 執筆担当

1954年目黒区生まれ.
東京理科大学卒業.
富士ゼロックス㈱で品質保証, 試験法開発, 信頼性管理などに従事.
現在, D-Tech パートナーズ代表, 東京理科大学非常勤講師, 日科技連信頼性講座「信頼性試験」講師, IEC TC 56(ディペンダビリティ)専門委員, 同国内委員会 WG2(技法)主査.
主な著書に,『新版 信頼性ハンドブック』(共著, 日科技連出版社, 2014年),『効率的な製品開発のための信頼性設計・管理』(情報機構, 2010年),「信頼性加速試験の効率的な進め方とその実際」(共著, 日本テクノセンター, 1997年)がある.

古園博幸(ふるぞの　ひろゆき)　第2章 執筆担当

1970年流山市生まれ.
早稲田大学理工学部工業経営学科卒業.
大学卒業後, 半導体専門商社イノテック株式会社に入社, ケイデンス社製 EDA ツールのサポートエンジニアとして従事. その一環で米国シリコンバレーに駐在, その間に転職, LSI 設計に携わり始め, その後は一貫して設計業務に従事し続け, 現在はアルチップ・テクノロジーズ・リミテッド 日本支社の副 GM.

渡部良道(わたなべ　よしみち)　第2章, 第8章 執筆担当

1958年岡山市生まれ.
名古屋工業大学卒業.
NEC で26年間信頼性品質管理業務に従事し, その後シリコンライブラリ社を経て, 現在はアルチップ・テクノロジーズ・リミテッド　信頼性品質管理シニアマネージャー.
主な著書に『CARE：パソコン信頼性解析法』(共著, 日科技連出版社, 1991年),『信頼性七つ道具 R7』(共著, 日科技連出版社, 2008年) がある.

■信頼性技術叢書
信頼性七つ道具　応用編

2020年8月29日　第1刷発行

監修者　信頼性技術叢書編集委員会
編著者　二川　清
著　者　石田　勉　鈴木和幸　原田文明
　　　　古園博幸　益田昭彦　渡部良道
発行人　戸羽節文
発行所　株式会社日科技連出版社
　　　　〒151-0051 東京都渋谷区千駄ヶ谷5-15-5
　　　　DSビル
　　　　電話　出版 03-5379-1244
　　　　　　　営業 03-5379-1238
　　　　URL　https://www.juse-p.co.jp/

印刷・製本　河北印刷株式会社

ISBN978-4-8171-9718-4